DIE ORGANUHR FÜR HAUSTIERE

Prof. TCM Univ. Yunnan Li Wu
Dr. Natalie Lauer · Dr. med. vet. Dorina Lux

Mit Extra: TCM-Anwendungen für Pferde

DIE ORGANUHR FÜR HAUSTIERE

Hund und Katze mit TCM sanft behandeln

mankau

Impressum

Bibliografische Information der Deutschen Nationalbibliothek
Die Deutsche Nationalbibliothek verzeichnet diese Publikation in der Deutschen Nationalbibliografie; detaillierte bibliografische Daten sind im Internet über http://dnb.d-nb.de abrufbar.

Prof. TCM Univ. Yunnan Li Wu, Dr. Natalie Lauer, Dr. med. vet. Dorina Lux
Die Organuhr für Haustiere
Hund und Katze mit TCM sanft behandeln
Mit Extra: TCM-Anwendungen für Pferde
ISBN 978-3-86374-620-9
1. Auflage März 2022

Mankau Verlag GmbH
D-82418 Murnau a. Staffelsee
Im Netz: www.mankau-verlag.de
Soziale Netzwerke: www.mankau-verlag.de/forum

Lektorat: Redaktionsbüro Julia Feldbaum, Augsburg
Endkorrektorat: Susanne Langer-Joffroy M. A., Germering
Cover/Umschlaggestaltung: Guter Punkt GmbH & Co. KG, München
Innenteil/Layout und Satz: Lydia Kühn, Aix-en-Provence, Frankreich
Energ. Beratung: Gerhard Albustin, Raum & Form, Winhöring

Bildnachweis:
@ **Grafikstudio Heike Brückner, Regensburg** Hund (31, 36, u. f.); Katze (34, 41, u. f.); Pferd (148, 151, u. f.)
@ **stock.adobe.com** 2: sudowoodo; 5, 13, 14: FoxyImage; 6, 101, 102: yod67; 75, 93: theerakit; 145: nrsha

MIX
Papier aus verantwortungsvollen Quellen
FSC® C019821

Druck: Druckerei C. H. Beck, Nördlingen

Aus Gründen der leichteren Lesbarkeit wird im vorliegenden Buch die gewohnte männliche Sprachform bei personenbezogenen Substantiven und Pronomen verwendet. Dies impliziert jedoch keine Benachteiligung des weiblichen Geschlechts, sondern soll im Sinne der sprachlichen Vereinfachung als geschlechtsneutral zu verstehen sein.

Hinweis für die Leser/innen:
Die Autoren haben bei der Erstellung dieses Buches Informationen und Ratschläge mit Sorgfalt recherchiert und geprüft, dennoch erfolgen alle Angaben ohne Gewähr. Verlag und Autoren können keinerlei Haftung für etwaige Schäden oder Nachteile übernehmen, die sich aus der praktischen Umsetzung der in diesem Buch vorgestellten Inhalte ergeben. Bitte suchen Sie bei Erkrankungen einen erfahrenen Arzt oder Heilpraktiker auf.

Inhalt

Vorwort 7

Die Geschichte der Traditionellen
Chinesischen Tiermedizin 9

DIE GRUNDLAGEN DER TCVM

Grundlagen der Traditionellen
Chinesischen Tiermedizin 15

Die Pole Yin und Yang 16

Die fünf vitalen Substanzen 18

Die Energieleitbahnen 26

Die fünf Elemente 63

Test: Welchem Typus entspricht Ihr Hund oder Ihre Katze? ... 75

Krankheiten in der TCVM 78

Die acht Leitkriterien 78

Häufige Symptome und ihre Ursachen in der TCVM 86

Die Bedeutung der Organuhr für unsere Vierbeiner 88

Der Biorhythmus lenkt den Stoffwechsel 89

Richtiger Rhythmus bedeutet Gesundheit 90

Die Geschichte der Organuhr 91

Der Zweistundenrhythmus der Organe 98

PRAKTISCHE ANWENDUNGEN FÜR IHR HAUSTIER

Die Organuhr in der Praxis für Hund und Katze 103
Fütterung nach den fünf Elementen 104
Heilkräuteranwendungen 117
Akupunktur 123
Heilende Massagen 125
Qi Gong 140

EXTRA Pferd 145
- Besonderheiten der Organuhr 145
- Wichtige Akupunkturpunkte 147
  - Die Hauptmeridiane 147
  - Die außerordentlichen Gefäße 160
  - Die Ting-Punkte 164
  - Häufige Erkrankungen und mögliche Akupressurbehandlungen 165
- Ernährung nach den fünf Elementen 168
- Ausgewählte Heilkräuteranwendungen 169

Service 171
Sachregister 172
Beschwerden-/Symptomregister Hund/Katze u. deren Heilanwendungen 173
Beschwerden-/Symptomregister EXTRA Pferd u. deren Heilanwendungen 175

Vorwort

Liebe Tierliebhaber,
unsere vierbeinigen Freunde machen nicht nur glücklich und bringen uns hier und da zum Schmunzeln, sie sind vollwertige Familienmitglieder, die unser Leben bereichern. Und so wollen wir natürlich auch in Sachen Gesundheit nur das Beste für sie – gern auch mithilfe der Natur und nicht sofort mit der chemischen Keule.

Sind sie gesund und zufrieden, stehen die Chancen für ein langes und schönes Leben der Vierbeiner gut. Die Traditionelle Chinesische Medizin (TCM) und näher Tiermedizin (TCVM) kann hier viel bewirken. Die Chinesen wissen das schon seit Jahrtausenden und behandelten schon damals vor allem Pferde und später auch Haustiere mit den Methoden der TCM. Als Teil der Natur unterliegen Tiere nämlich wie wir Menschen denselben rhythmischen Prozessen des Kosmos, die ein steter Wandel kennzeichnet – das Wechselspiel von Yin und Yang, das Wechselspiel von aktiven Phasen und Ruhephasen sowie das dynamische Zusammenspiel der Gegensätze. Das Leben wird vom Lauf der Jahreszeiten ebenso bestimmt wie von Sonne und Mond, Tag und Nacht. Es gliedert sich in einen 24-Stunden-Rhythmus, bei dem nach jedem Zyklus ein neuer Energiekreislauf einsetzt. Hierbei durchlaufen die Organe stets bestimmte Ruhe- und Aktivphasen.

Treten Beschwerden regelmäßig zu speziellen Zeiten auf, ist dies ein Indiz für ein gestörtes Qi in dem jeweils dieser Zeit zugeordneten Organ.

Das Wissen hierüber lässt sich zur Diagnose und Behandlung zahlreicher Beschwerden und Krankheiten nutzen, die aus einem energetischen Ungleichgewicht entstehen.

Entdecken Sie in diesem Buch, wie Sie das sensible energetische Gleichgewicht Ihres Vierbeiners aufrechterhalten und gegebenenfalls wieder in den richtigen Takt der Organuhr bringen.

Herzliche Grüße,
Prof. Univ. Yunnan Li Wu, Dr. Natalie Lauer
und Dr. med. vet. Dorina Lux

Die Geschichte der Traditionellen Chinesischen Tiermedizin

Die Organuhr ist ein wichtiger Bestandteil der Traditionellen Chinesischen Medizin, Tiermedizin und Philosophie. Um die Organuhr verstehen und nutzen zu können, müssen wir uns deshalb zuerst mit der Traditionellen Chinesischen Veterinärmedizin (TCVM) vertraut machen.

Die Veterinärmedizin blickt in der chinesischen Lehre auf eine lange Geschichte zurück. Bereits 1766 bis 1122 vor unserer Zeitrechnung, genauer gesagt in der Shang-Dynastie, finden sich erste Dokumentationen der medizinischen Therapie von Tieren. Wobei das Ganze damals von einem sehr mystischen Charakter geprägt war. So wurden medizinische Erkenntnisse in Knochen eingeritzt, und Orakel mittels Tierknochen und Schildkrötenpanzern dienten der Diagnose. Ebenso ist während dieser Zeit die Rede von einer Art Pferdeflüsterern. Die darauffolgende Zhou-Dynastie, die zwischen dem 11. Jahrhundert und dem Jahr 476 v. Chr. datiert wird, markiert die Geburtsstunde der Lehre von Yin und Yang und den darauf aufbauenden Fünf Elementen. Auf Tierheilkunde spezialisierte Ärzte waren innerhalb dieser Epoche bereits tätig. Bestätigt wird das nicht zuletzt in der Schrift zur Historie der Dynastie, dem Zhou Li Tian Guan. Daneben finden Heilkräuteranwendungen und deren Indikationen für Tiere in dem zeitgenössischen Werk Li Ji Erwähnung. Vor allem über die Therapie von Pferden wird in damaligen Schriften berichtet, aber auch auf Haustiere wird eingegangen. Chao Fu ist der Name des ersten erwähnten Tierarztes Chinas.

Einen Meilenstein in der Veterinärmedizin Chinas verkörpert ebenso die Qin-Dynastie zwischen 221 und 209 v. Chr. In der hieraus stammenden Schrift Jiu (Yuan) Lu, die von Tierzucht und Regeln der Veterinärmedizin handelt, wird klar, dass das Wohl der Tiere nun Regierungssache war.

206 vor bis 209 n. Chr., also über eine Dauer von rund 400 Jahren, herrschte die Han-Dynastie. Archäologische Funde weisen für diese Zeitspanne Dokumente zur Therapie mit Arzneimitteln für Tiere nach, die auf Bambusstücken festgehalten wurden. Aus der Zeit um 150 bis 209 n. Chr. existieren Schriftzeugnisse, die Behandlungen von Tieren mit Kräutern in Kombination mit Akupunktur thematisieren.

Einen bedeutenden Meilenstein stellen die Jahre um 500 n. Chr. dar, da dann eine Behörde sowie Ausbildungsstätten für Tiermedizin gegründet wurden. Die Gründung einer Regierungsbehörde, für die 120 Veterinärmediziner tätig waren, lässt sich während der Sui-Dynastie (581–618 n. Chr.) nachweisen. Sie zeichneten sich verantwortlich für die Gebiete Tiermedizin sowie Tierzucht. Obwohl während dieser Zeit einige Werke über allgemeine Tiermedizin publiziert wurden, nahmen Pferde dennoch eine prominente Stellung ein. So gab es ein spezifisches Buch über die Meridiane und die Akupunktur beim Pferd.

Ein weiteres bedeutendes Werk stammt aus der darauffolgenden Epoche, der Tang-Dynastie (618–907 n. Chr.). Es handelt sich dabei um Si Mu An Ji Ji, das Methoden zur Pflege und Behandlung von Pferden umfasste. Daneben kam es zur Initiierung eines erschöpfenden Ausbildungssystems für Tiermedizin. Die Regierung publizierte während dieser Epoche außerdem das

Xin Xiu Ben Cao, in dem 844 medizinische Heilkräuter für Mensch und Tier beschrieben werden.

Während der Sung-Dynastie, die von 960 bis 1279 nach unserer Zeitschreibung andauerte, lässt sich die erste Pferdeklinik nachweisen. Dort herrschte großer Andrang, weshalb irgendwann lediglich schwere Fälle dort behandelt wurden. Auch später, während der Yüan-Dynastie zwischen 1279 und 1368 n. Chr., sollten Pferde weiterhin im Fokus der Tiermedizin stehen, und Bin Bao veröffentlichte in diesem Sinne sein Buch zur Therapie von Pferden mit dem Titel Ji Tong Xuan Lun.

Während der Ming-Dynastie (1279–1368 n. Chr.) wurde eine Vielzahl von Schriften über Tiermedizin abgefasst, davon handelt die prominenteste natürlich von Pferden. Sie trägt den Titel Liao Ma Chi.

Bis 1840 stagnierte die Veterinärmedizin in China. Grund dafür waren vermutlich die Opiumkriege. Ende des 17. Jahrhunderts erweckte die Akupunkturpraxis in Europa jedoch großes Interesse an der asiatischen Heilkunst. Analog zur Humanmedizin aus Fernost wurden die Traditionelle Chinesische Medizin (TCM) und die westliche Medizin kombiniert angewendet. Mit der Entdeckung des Penicillins durch Alexander Fleming (1881–1955) und dem damit einhergehenden neuen Wind in der westlichen Schulmedizin ebbte das Interesse daran allerdings wieder ein wenig ab. Spätestens seit 1978, als neue Akupunkturtechniken und Rezepturen in der TCM initiiert wurden, erhielt diese wieder mehr Aufmerksamkeit in der westlichen Welt.

Inzwischen ist TCM nicht nur in der Veterinär-, sondern auch in der Humanmedizin als komplimentäre Therapie anerkannt, und das Interesse an TCM sowie anderen alternativen medizinischen Systemen wächst stetig. Die Schulmedizin ist zweifelsohne mit all ihren Erkenntnissen und Methoden unverzichtbar, aber wo sie nicht weiterhilft, lohnt es sich, auf alte, erprobte Systeme zurückzublicken – und auch, wenn man zunächst alternative Wege beschreiten möchte.

DIE GRUNDLAGEN DER TCVM

Grundlagen der Traditionellen Chinesischen Tiermedizin

Die Traditionelle Chinesische Tiermedizin (TCVM) ist ein ganzheitliches Heilsystem, dessen Wurzeln Jahrtausende zurückliegen. Im Laufe der Zeit wurde die Heilkunst aus Fernost zwar stets weiterentwickelt, ihren Dreh- und Angelpunkt – die Einheit von Körper, Geist und Seele – verlor sie jedoch niemals aus dem Blick.

Gemäß der traditionellen chinesischen Lehre wird der Körper aller Lebewesen von einem komplexen Netz aus Leitbahnen (den sogenannten Meridianen) durchzogen. Wie durch Kanäle strömt hierdurch die Lebensenergie Qi und gelangt auf diesem Weg in jede noch so versteckte Zelle. Das ausgeklügelte Energiesystem korrespondiert direkt mit den einzelnen Organen. Jedem Organ sind Körperabschnitte, Emotionen, eine spezielle Jahreszeit, bestimmte Aktiv- und Ruhephasen sowie jeweils ein eigenes Element zugeordnet.

Die Chinesen gehen von insgesamt fünf Elementen (auch Wandlungsphasen genannt) aus: Holz, Feuer, Erde, Metall und Wasser. Sie unterstützen, kontrollieren, ergänzen und gleichen einander aus.

Im Optimalfall befinden sich die beiden gegensätzlichen Pole Yin und Yang, die in einem fließenden Prozess ständig ineinander übergehen, in dynamischer Balance. Qi kann dann frei fließen. Ist das Gleichgewicht gestört, können Krankheiten entstehen.

Die Pole Yin und Yang

Die in der chinesischen Philosophie eingebettete Lehre von Yin und Yang lässt sich bis ins 11. Jahrhundert v. Chr. zurückverfolgen. Im I-Ging (Yì Jīng), das auch unter der Bezeichnung »Das Buch der Wandlungen« bekannt ist, wird anhand einer Sammlung von Strichzeichen das Konzept des sich immer wieder neu formenden Gleichgewichts des Gegensatzpaares beschrieben. Das Wirken der wechselseitigen Resonanz der beiden Kräfte ist allgegenwärtig und bestimmt unser Leben. Sowohl der Mikrokosmos eines jeden Lebewesens als auch der universell existierende Makrokosmos unterliegen dem Zusammenspiel und stetem Wandel von Yin und Yang.

Die dualen Gegensätze sind eng miteinander verwoben, bedingen sich gegenseitig und gehen auseinander hervor. Sie verkörpern zwei Phasen einer zyklischen Bewegung, bei der das eine dem anderen immer entgegenstrebt. Steigt Yin, sinkt Yang und andersherum. Ein absolutes Yin oder Yang existiert nicht. Wenn die Nacht endet, beginnt der Tag, und dieser mündet schließlich wieder in die Nacht, dabei sind die Übergänge fließend. Ursprünglich stellen die beiden Schriftzeichen für Yin und Yang die Schatten- bzw. die Sonnenseite des Hügels dar.

Yin steht unter anderem für Mond, Nacht, Dunkelheit, Winter, Herbst, Ruhe, Kälte, Regen, Alter, Tod, Passivität – und für das Weibliche. Im Gegensatz dazu verkörpert Yang Sonne, Tag, Sommer, Frühling, Feuer, Wind, Jugend, Wachstum, Aktivität – und das Männliche.

Auch der Organismus folgt dem Muster der beiden Pole. So werden alle Körperteile, Organe und deren Funktionen jeweils nach Yin oder Yang klassifiziert.

Die Unterseite, also der Teil des Körpers, der bei unseren Vierbeinern »nicht von der Sonne beschienen wird«, sowie die rechte Seite, das Körperinnere, der Unterkörper und die Zang-Organe (Lunge, Niere, Milz, Leber, Herz) präsentieren Yin. Hingegen werden die Oberseite, somit der Teil des Körpers, den die Sonne bei unseren Vierbeinern erreicht, sowie die linke Seite des Tieres, das Körperäußere, der Oberkörper und die Fu-Organe (Harnblase, Magen, Gallenblase, Dickdarm und Dünndarm) Yang zugeordnet.

Befindet sich das System in einer dynamischen Balance und sind Yin und Yang ausgewogen, bedeutet das Gesundheit. Eine Disharmonie führt schließlich zu Krankheit. Um diesen Einklang zu bewahren oder wiederherzustellen, leitet der TCM-Tierarzt verschiedene Prozesse ein, die je nach Bedarf Yin oder Yang fördern.

Yin-Erkrankungen entstehen in der Regel schleichend über einen längeren Zeitraum. Sie betreffen innere Organe und weisen Anzeichen von Leere und Kälte auf. Typische Symptome sind allgemeine Schwäche, Abmagerung, wenig Durst, heller Urin, weicher Kot, blasse Schleimhäute und langsamer Puls. Betroffene Tiere haben kalte Extremitäten und suchen gezielt nach warmen Ruheplätzen.

Hingegen sind plötzlich auftretende Erkrankungen ein Indiz für Yang-Erkrankungen. Die Erkrankungen betreffen selten innere Organe und gehen mit Fülle und Hitze einher. Häufig sind die auftretenden Symptome sehr stark ausgeprägt, und das Tier zeigt heftige Abwehrbewegungen bei Untersuchung. Zusätzlich haben die betroffenen Tiere Fieber, trockene Schleimhäute, vermehrten Durst, trockenen Kot und konzentrierten Urin. Sie suchen gezielt nach kühlen Ruheplätzen.

Die fünf vitalen Substanzen

Laut chinesischer Auffassung durchdringen neben der Lebensenergie Qi vier weitere Grundsubstanzen den Organismus: die Vitalessenz (Jing), die Säfte (Jin-Ye), das Blut (Xue) sowie der Geist (Shen). Gemeinsam steuern die fünf vitalen Substanzen die Lebensfunktionen und wirken auf Körper, Geist und Seele. Bei einem gesunden Lebewesen befinden sie sich im Einklang.

Qi – die Wurzel allen Lebens

Die Lebensenergie Qi ist weder sichtbar noch messbar. Sie ist eine Urkraft und stellt die Wurzel allen Lebens dar – auf materieller ebenso wie auf spiritueller Ebene. Der Kosmos, die Natur und damit alle Tiere, Pflanzen und Menschen werden von Qi umhüllt und erfüllt. Es stellt eine energetische Verbindung zwischen ihnen her.

Alles Leben beginnt mit dem Ursprungs-Qi, das während der Zeugung von den Eltern an den Nachwuchs abgegeben wird, seinen Sitz im Nierenmeridian hat und im Laufe des Lebens verbraucht wird. Dieses Qi ist für die Entwicklung und das Wachstum verantwortlich. Im Gegensatz zum Sammel-Zong-Qi kann es nicht erneuert werden. Ist es aufgebraucht, tritt der Tod ein. Aus diesem Grund sollte man sorgsam damit umgehen und es nicht unnötig strapazieren.

Das Sammel-Zong-Qi setzt sich aus dem Atem- und dem Nahrungs-Qi zusammen. Letzteres wird in der Milz aus fester und flüssiger Nahrung extrahiert und steigt im Anschluss daran zur Lunge auf. Dort vereint es sich mit dem Atem-Qi, das aus dem Atem gewonnen wird. Mithilfe des Ursprungs-Qi wird das Sammel-Zong-Qi im späteren Verlauf zum Wahren-Zhen-Qi »veredelt«, das der ersten Stufe des körpereigenen Qi entspricht.

Die Lebensenergie Qi durchdringt über die Leitbahnen den gesamten Organismus und stellt so eine Verbindung zwischen den Körperstrukturen und ihren jeweiligen Funktionen her. Qi spendet dem Körper Energie und ist nicht nur essenziell für die Körperfunktionen, sondern zudem für die Abwehr zuständig. Es regelt das Wachstum und die Entwicklung, steuert die körperliche sowie geistige Aktivität. Die Lebensenergie wärmt den Körper und verantwortet sämtliche physiologische Aktivitäten, die Blutzirkulation sowie die morphologische Ordnung der Organe. Ein ungehindert und harmonisch fließendes Qi schenkt Vitalität, Lebensfreude und sorgt für Wohlbefinden und Gesundheit. Qi-Störungen (Blockaden oder Mangel) verursachen hingegen gesundheitliche Probleme und sind häufig der Auslöser für physische oder psychische Erkrankungen.

Bei Qi-Mangel kann eine ausreichende Energieversorgung nicht mehr gewährleistet werden. Der Körper wird nicht mehr gewärmt und ist schutzlos. Der einzige Ausweg aus dieser Misere ist eine Stärkung (Tonisierung) der Lebensenergie. Durch die mit einer Erkrankung verbundenen Symptome können wir Hinweise auf den Funktionskreis bekommen, in dem ein Qi-Mangel herrscht. Atemnot und Husten werden zum Beispiel von Hunden, Katzen und Pferden mit Lungen-Qi-Leere, Milz-Qi-Leere oder Nieren-Qi-Leere gezeigt. Durchfälle hingegen treten bei Milz-Qi-Leere oder Leber-Qi-Stagnation auf.

Schmerzen sind in der Regel die Manifestation eines gestauten oder blockierten Qi. Um dem entgegenzuwirken, muss das Qi harmonisiert werden. So können Schmerzen im Hüftgelenk und damit einhergehende Lahmheit auf einer Qi-Stagnation im Gallenblasen-Meridian beruhen und Rückenschmerzen mit steifem Gang auf einer Gallenblase- oder Blasen-Qi-Stagnation.

Darüber hinaus existieren auch Sonderformen der Stagnation. Diese werden als rebellierendes Qi bezeichnet. Hier fließt das Qi entgegen seiner üblichen Flussrichtung. Schlafstörungen und Unruhe können ein Indiz für ein rebellierendes Herz-Qi sein, während Übelkeit und Erbrechen auf ein rebellierendes Magen-Qi hinweisen können. Asthma kann mit einem rebellierenden Nieren-Qi und Husten in Kombination mit Asthma mit einem rebellierenden Lungen-Qi assoziiert werden. Durchfall hingegen kann ein Anzeichen für ein gegenläufiges Qi der Milz sein.

Ausführlicher werden Qi-Störungen im Kapitel »Krankheiten in der TCVM« (→ Seite 78 ff.) dargestellt.

Xue – Mehr als »flüssiges« Gewebe

Im Gegensatz zum westlichen Verständnis von Blut, beherbergt es in der TCVM gleichzeitig einen materiellen sowie einen immateriellen Aspekt. Für die Chinesen ist Blut also mehr als »flüssiges« Gewebe, das aus Plasma und Zellen besteht. Deshalb beschränken sich seine Funktionen auch nicht lediglich auf Abwehr, Pufferung, Wärmeregulation, Sauerstofftransport und Signalübermittlung, sondern es erfüllt zusätzlich energetische Funktionen und ist untrennbar mit dem Qi verbunden, das ihm Leben einflößt. Xue strömt ebenso in den Blutgefäßen wie in den Meridianen, die gleichzeitig Qi in sich führen. Da in der chinesischen Lehre die Funktion wichtiger als die anatomische Präzision ist, werden die Leitbahnen nicht streng differenziert.

Xue wird mit Yin assoziiert, nährt und befeuchtet den gesamten Körper und beherbergt Shen.

Um Xue zu bilden, muss dem Körper Nahrung zugeführt werden. Diese wird von der Milz in Nahrungs-Qi (Gu Qi) umgewandelt. Das Nahrungs-Qi wird von der Milz nach oben in die Lunge und mithilfe dieser weiter ins Herz transportiert. Das Herz wandelt das Nahrungs-Qi in Xue um. Dieser Prozess kann allerdings nur optimal ablaufen, wenn ausreichend Vitalessenz Jing (→ Seite 22 f.) vorhanden ist. Entsprechend ist auch die Niere am Aufbau von Xue beteiligt.

Herz, Milz und Leber stehen in einer besonderen Beziehung zu Xue. Das Herz gewährleistet eine gleichmäßige Zirkulation von Xue im Organismus, und die Milz hält es in den Gefäßen. Überschüssiges Xue wird in der Leber gespeichert, die es kontrolliert, wenn sich der Körper im Ruhezustand befindet.

Xue-Erkrankungen treten als Xue-Stau (Xue-Stase), Xue-Mangel oder Xue-Hitze auf.

Eine Xue-Stauung kann im Körperinneren sowie an der Körperfläche und in den an der Oberfläche sitzenden Leitbahnverläufen auftreten. Sie äußert sich wie Qi-Stauungen durch Schmerz. Dieser ist häufig stark ausgeprägt, aber lokal begrenzt. Auch Blutungen mit Blutkoageln weisen auf einen Xue-Stau hin, zum Beispiel sind Blutkoagel im Erbrochenen typisch für einen Magen-Xue-Stau. An der Körperoberfläche bzw. in den Leitbahnen auftretende Xue-Stasen werden in der Regel durch Verletzungen verursacht. Charakteristische Symptome sind Blutergüsse, Beulen und schmerzhafte Schwellungen.

Durch Blutverlust oder durch unzureichende Xue-Bildung, zum Beispiel bei unzureichender Fütterung, kommt es zum Xue-Mangel. Betroffene Tiere zeigen Schwäche, Zittern, Schlaflosigkeit trotz Müdigkeit, blasse Schleimhäute und Haarausfall.

Blut-Hitze, die durch den exogenen pathogenen Faktor Hitze (→ Seite 80) oder durch einen Leber-Qi-Stau entstehen kann, äußert sich durch Unruhe, Nervösität bis zur Panik und kann mit Blutungen einhergehen. Typischerweise ist die Zunge hochrot, die Schleimhäute sind rot und trocken, und der Puls ist sehr schnell.

Jing – die Quelle von Yin und Yang

Die Vitalessenz Jing, manchmal auch als Lebensessenz oder nur als Essenz bezeichnet, ist eine angeborene konstitutionelle feinstoffliche Substanz, die sich im Nieren-Shen ansammelt. Jing verkörpert die Quelle des Gegensatzpaares Yin und Yang, folgerichtig wird sie deshalb auch beiden Polen zugeordnet. Sie ist die Basis des Lebens und von wesentlicher Bedeutung für Fortpflanzung, Entwicklung und Tod.

Ähnlich wie die Lebensenergie Qi besteht die Vitalessenz aus zwei unterschiedlichen Bestandteilen: dem vorgeburtlichen Jing (auch Vorhimmel-Essenz oder Xian Tian) und dem nachgeburtlichen Jing (auch Nachhimmel-Essenz oder Hou Tian). Ersteres wird während der Zeugung aus Eizelle und Spermium gebildet. Dieses individuelle Jing begründet die einzigartige Konstitution sowie das spezifische Entwicklungspotenzial des Individuums und kann nicht erneuert werden. Das nachgeburtliche Jing setzt sich aus Nahrung und Atmung zusammen. Gemeinsam ergeben beide Anteile die gesamte Vitalessenz.

Die Funktionen von Jing differenzieren je nach Entwicklungsphase. Bis zur Jugend wird die Vitalessenz für die Reifung der Organe benötigt, danach erhält Jing die Organfunktion und wird für die Fortpflanzung gebraucht. Es ist bei der Geburt am größten und baut sich im Laufe des Lebens nach und nach ab. In der Folge lassen Organfunktion und Fortpflanzungsfähigkeit mit zunehmendem Alter nach. Sobald Jing nicht mehr vorhanden ist, tritt der Tod ein.

Sowohl ein schwaches vorgeburtliches Jing als auch ein Jing-schädigender Lebensstil können zu einem Jing-Mangel führen. Dieser äußert sich in einer schwachen Konstitution, Wachstumsstörungen, Zahnerkrankungen, Knochenerkrankungen, Nierenschwäche, vorzeitigem Altern, mentalen Störungen (z. B. örtliche und zeitliche Desorientierung) und schlussendlich dem Tod.

Obwohl wir durch gute Fütterung und Luftqualität die Abnahme von Jing verlangsamen können, ist es nicht möglich, einmal verlorenes Jing zu ersetzen. Deshalb ist es wichtig, die Abnahme von Jing nicht durch schädigende Faktoren zu beschleunigen.

Jing-schädigende Faktoren bei unseren Haustieren sind vor allem Überforderung und Stress jeglicher Art. Überforderung kann zum Beispiel durch zu häufige Ausstellungen, zu hartes Training, zu anspruchsvolle Wettkämpfe oder Turniere und durch zu intensive Nutzung als Zuchttier auftreten. Aber auch Rettungs-, Behindertenbegleit- und Therapiehunde können von den an sie gestellten Erwartungen überfordert sein. Welche Situationen von unseren vierbeinigen Freunden als Stress empfunden werden, hängt stark von der Art und dem individuellen Tier ab. Für alle gilt, dass Besitzer- und Umgebungswechsel (z. B. Umzüge) extreme Stressfaktoren sind.

Jin-Ye – die Vereinigung aller Körperflüssigkeiten

In der Hierarchie der Grundsubstanzen rangieren die Säfte Jin-Ye auf dem untersten Rang und sind der Lebensenergie Qi, dem Blut Xue und der Vitalessenz Jing untergeordnet. Sie vereinen alle Körperflüssigkeiten außer dem Blut. Dazu gehören die Lymphflüssigkeit, Drüsensekrete (z. B. Schweiß und Speichel), der Urin und die in und zwischen den Zellen befindliche Flüssigkeit. Die Flüssigkeiten werden dabei in leichte, klare Flüssigkeiten (Jin) und in schwere, trübe Säfte (Ye) unterteilt. Während die leichten, klaren Flüssigkeiten wärmen, Haut und Muskeln nähren sowie befeuchten und den Yang-Aspekt beherbergen, besitzen die schweren, dickflüssigen und trüben Säfte Yin-Qualität. Sie ernähren Organe, Gehirn, Mark, Gelenke und Körperöffnungen.

Je nach Organfunktionsstörung entstehen bei einem Füllezustand der Jin-Ye Ödeme oder Flüssigkeitsansammlungen in unterschiedlichen Körperarealen. Ödeme an den Hintergliedmaßen können das Resultat eines Nieren-Yang-Mangels mit Beeinträchtigung der Nierenfunktion sein. Die Niere ist hier nicht mehr in der Lage, den Wasserhaushalt zu regulieren. Ödeme im Bereich des vorderen Rumpfes können hingegen Ausdruck einer Schleimnässe in der Lunge bzw. einer beeinträchtigten Lungenfunktion sein. Das bedeutet, die Lunge sendet die Körperflüssigkeiten nicht zur Niere und verteilt diese auch nicht. Auf einen Milz-Yang-Mangel und einer damit einhergehenden Beeinträchtigung der Milzfunktion können Ödeme in der Bauchregion hinweisen. In diesem Fall wandelt die Milz die Nahrungssäfte nicht mehr angemessen um.

Bei einer Degenerierung der Körpersäfte ist in der TCM die Rede von Schleim. Mit Schleim assoziierte Krankheiten treten häufig auf. Ein Beispiel hierfür ist Schleimauswurf z. B. in Verbindung mit Asthma oder Bronchitis. Hier hat sich der Schleim in der Lunge manifestiert. Hingegen ist starkes Übergewicht ein Indiz für eine mögliche Degenerierung der Säfte im Fettgewebe. In der Haut kann sich das wiederum in Form von geschwollenen Lymphknoten, Geschwülsten und Knoten im subkutanen Gewebe niederschlagen. In Galle und Niere kann es zu Steinbildung und verfestigtem Schleim kommen. Mentale Störungen (z. B. örtliche und zeitliche Desorientierung) können Manifestationen von Degenerationen der Körpersäfte im Geist sein.

Jin-Ye-Mangel (Austrocknung) wird durch Hitze und damit einhergehendes übermäßiges Schwitzen bzw. Hecheln beim Hund, Durchfall, Erbrechen und die inadäquate Umwandlung von Säften aus der Nahrung herbeigeführt. Symptome für Austrocknung sind trockene Schleimhäute, gesunkene Hautelastizität und konzentrierter Urin.

Shen – die treibende Kraft der Persönlichkeit

Shen verkörpert gleichzeitig den Geist sowie die Psyche und hat seinen Sitz im Herzen. Die chinesischen Vorstellungen hierüber decken sich im Großen und Ganzen mit jenen der westlichen Welt. Shen ist die treibende Kraft der Persönlichkeit, regiert Bewusstsein, Unterbewusstsein, Gefühlswelt, Gedanken und Lebensfreude.

Die Lebensenergie Qi und die Vitalessenz Jing sind untrennbar mit Shen verknüpft. Befinden sich die anderen beiden Substanzen in Harmonie, ist auch Shen im Gleichgewicht. Belastbarkeit, arttypisches Verhalten, Aufmerksamkeit, angemessene Reaktionen und Glanz in den Augen weisen auf diesen Zustand hin.

Eine gestörte Balance der Grundsubstanzen Qi und Jing schwächt Shen. In der Folge können Schlafstörungen und Ruhelosigkeit auftreten. Daneben kann auch eine absolute Leere von Shen vorkommen, die sich in Apathie und Verlust der Lebensfreude äußert.

Die Traditionelle Chinesische Medizin ist ein ganzheitliches System, das Körper, Geist und Seele nicht getrennt voneinander betrachtet. Entsprechend lassen sich Störungen des Shen mithilfe der fünf Säulen der TCM therapieren. Ähnlich sieht das inzwischen glücklicherweise auch die Schulmedizin, die häufig zur Behandlung von Unruhe, Nervosität und Schlaflosigkeit neben medikamentösen Therapien komplementär auf TCM-Anwendungen wie zum Beispiel Akupunktur zurückgreift.

Die Energieleitbahnen

Die Energieleitbahnen fungieren wie Kanäle, durch die sowohl Qi als auch Teile von Xue fließen. Seit dem 15. Jahrhundert sind sie im Westen auch unter der Bezeichnung Meridiane bekannt. Der Begriff wurde in Anlehnung an die Geografie gewählt, da die Leitbahnen den Körper wie das Gradnetz die Erde durchziehen und allesamt untereinander in Verbindung stehen. Jede Leitbahn wird dabei einem Organ zugeordnet. Das bedeutet, dass hierdurch auch die Organe miteinander verbunden sind.

Die Meridiane verlaufen flach unter der Haut im Unterhautzellgewebe. Hier bilden sie eine Einheit mit den inneren Organen und der Körperoberfläche. Obwohl wir sie dort nicht als

»wirkliches Organ« im Sinne der Schulmedizin sehen können, kann man ihre Existenz mithilfe elektrischer Messungen nachweisen.

Neben den zwölf Hauptmeridianen gibt es weitere Leitbahnsysteme, darunter acht »außerordentliche« Gefäße, die auch als »Ozeane« bezeichnet werden. Hiervon verfügen lediglich zwei Leitbahnen über eigene Reizpunkte: das Konzeptionsgefäß (Ren Mai) und das Lenkergefäß (Du Mai).

Akupunkturpunkte (Reizpunkte)

Jeder Meridian steht an mehreren Stellen in Verbindung mit der Körperoberfläche. Diese 1 bis 25 mm großen Areale bezeichnen wir als Akupunktur- oder Reizpunkte. Durch Stimulation dieser Punkte, z. B. mittels Akupressur, können wir das gesamte energetische System des Körpers günstig beeinflussen.

Obwohl Reizpunkte der treffendere Begriff ist, weil diese Punkte nicht nur durch Akupunktur stimuliert werden können, werden wir in der Regel den bekannteren Begriff Akupunkturpunkt in unseren Beschreibungen verwenden.

Die Anzahl der Akupunkturpunkte pro Meridian variiert. So liegen auf dem Herzmeridian nur neun Akupunkturpunkte, während der Blasenmeridian 67 besitzt.

Entlang jedes einzelnen Meridians werden die Akupunkturpunkte im westlichen Sprachraum einfach durchnummeriert, während sie im asiatischen Sprachraum häufig mit bildlichen Namen bezeichnet werden. Zum Beispiel heißt einer der wichtigsten stärkenden Punkte auf Deutsch schlicht Magen 36 (MA 36), während er auf chinesisch »Zu San Li« = »Drei Meilen des Fußes« genannt wird.

Der Nutzen der Akupunkturpunkte beschränkt sich jedoch nicht nur auf die Behandlung, sie können ebenso zur Diagnose verwendet werden. Bei Leere-Zuständen sind sie häufig als Vertiefungen mit trockenem, schuppigem Fell tastbar, während sie bei Fülle-Zuständen und Qi-Stagnationen eher als Verhärtungen oder gelartige Erhebungen tastbar sind. Auch schmerzhafte Reaktionen in Form von Ausweich- oder Abwehrbewegungen können auf Störungen im Meridianverlauf oder im zugehörigen Organ hinweisen. Für jedes Organ bzw. jeden Meridian existieren zwei Punkte, die sich besonders gut zur Diagnose eignen. Diese Punkte werden als Zustimmungspunkt (Shu-Punkt) und Alarmpunkt (Mu-Punkt) bezeichnet.

Neben Zustimmungs- und Alarmpunkt gibt es eine Vielzahl weiterer Akupunkturpunkt-Kategorien. Hier sind besonders die Meisterpunkte (Gao Wu-Punkte) hervorzuheben, die auch als »Kommandopunkte« bezeichnet werden. Diese Punkte haben eine außerordentlich vielseitige Wirkung auf die ihnen zugeordnete Körperregion. So kann der Punkt Blase 40 (BL 40) bei jeglicher Erkrankung von Rücken und Lendenregion stimuliert werden.

Die Auswahl der Akupunkturpunkte im nächsten Kapitel beschränkt sich auf diejenigen Reizpunkte, die auch für Laien leicht auffindbar sind und deren Stimulation in der Regel unproblematisch ist.

Wichtig für die Praxisarbeit

Bei Hund und Katze liegen die Punkte an den gleichen Stellen, deshalb finden Sie bei den Abbildungen beide im Wechsel.

Die zwölf Hauptmeridiane

Die zwölf Hauptmeridiane zeichnen sich durch eine paarige Anordnung aus und sind an die fünf Yin-Organe und den Herzbeutel (Perikard) sowie die sechs Yang-Organe gekoppelt. Dabei setzt sich jeder Funktionskreis aus einem Yin-und-Yang-Organpaar zusammen. Im Falle einer Störung wird nicht nur die aus dem energetischen Gleichgewicht geratene Leitbahn behandelt, sondern analog dazu auch immer der jeweilige Partnermeridian. Will heißen: Liegt eine Störung im Lungenmeridian vor, gilt es, ebenso auf den Dickdarmmeridian einzuwirken.

Meridianenpaare im Überblick

Yin-Meridian	Yang-Meridian
Lungenmeridian	Dickdarmmeridian
Milz-Pankreas-Meridian	Magenmeridian
Herzmeridian	Dünndarmmeridian
Nierenmeridian	Blasenmeridian
Perikardmeridian	Dreifacher-Erwärmer-Meridian
Lebermeridian	Gallenblasenmeridian

Von den zwölf Hauptmeridianen verlaufen jeweils drei der Yin- und drei der Yang-Meridiane entlang der Vordergliedmaße und dem Kopf, während die anderen drei Yin- und drei Yang-Meridiane über Rumpf und Hintergliedmaße führen. Hierbei bildet jeder Yin-Meridian der Vordergliedmaße eine Meridianachse mit einem Yin-Meridian der Hintergliedmaße. Das Gleiche gilt für die Yang-Meridiane.

Aus der Kombination von Paaren und Achsen ergeben sich drei Vierergruppen von Meridianen, die in enger Verbindung zueinander stehen. Diese Vierergruppen, die auch als Umläufe bezeichnet werden, sind der Grund dafür, dass Erkrankungen des Kopfes mit Akupunkturpunkten an der Hinterpfote und umgekehrt behandelt werden können.

Im Optimalfall werden zur Therapie Punkte aller vier zusammenhängenden Meridiane stimuliert. Das heißt, bei einer Lungenfunktionsstörung werden Punkte auf dem Lungen-, dem Dickdarm-, dem Magen- und dem Milzmeridian gewählt.

Meridian-Umläufe (Vierergruppen) im Überblick

Yin/Yang	1. Umlauf	2. Umlauf	3. Umlauf
Yin	Lunge	Herz	Perikard
Yang	Dickdarm	Dünndarm	Dreifacher Erwärmer
Yang	Magen	Blase	Gallenblase
Yin	Milz	Niere	Leber

Der Lungenmeridian

Der Lungenmeridian nimmt das Qi aus der Luft auf, wandelt es um und verteilt es. Darüber hinaus reguliert dieser Meridian die Abwehr. Durch Stimulation dieses Meridians können Atemwegserkrankungen sowie chronische und chronisch wiederkehrende Infektionen anderer Art behandelt werden. Aber auch Schmerzen, Lahmheiten und Lähmungen der Vordergliedmaße können über den Lungenmeridian günstig beeinflusst werden.

Seinen Anfang hat dieser Meridian im Brustraum. Im ersten Zwischenrippenraum tritt er zwischen Brustbein und Vorderbein an die Körperoberfläche. Von dort aus wandert die Leitbahn entlang der Innenseite des Vorderbeines zum inneren Krallensaum der Daumenzehe.

Typische Symptome einer Störung

- Atemnot bis Kurzatmigkeit
- Heiserkeit
- Husten
- Lahmheiten der Vordergliedmaße
- Niesen und Nasenausfluss

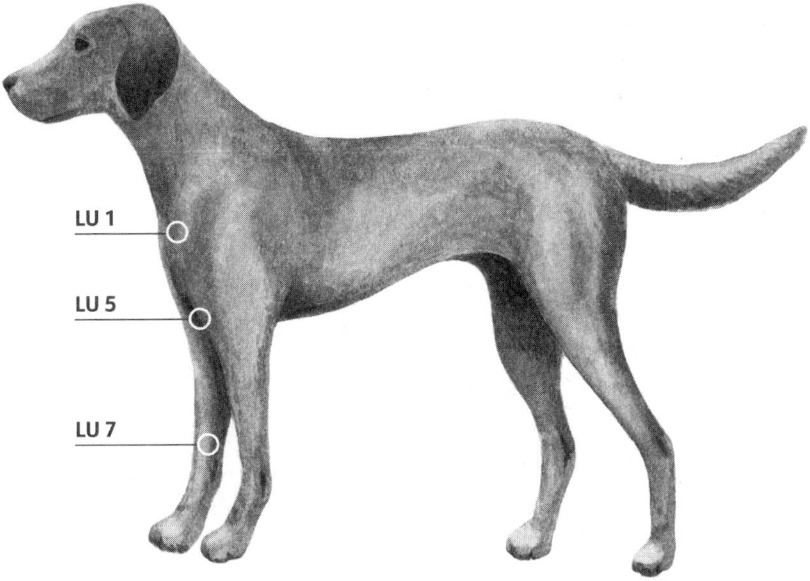

Wichtige Akupunkturpunkte (insgesamt sind 11 Akupunkturpunkte bekannt)

LU 1 – Zhongfu: Dieser Punkt wird auch als Alarmpunkt (Mu-Punkt) der Lunge bezeichnet und wird neben der Therapie auch zur Diagnose eingesetzt. Ist die Lunge oder der Lungenmeridian von einer Störung betroffen, ist das Abtasten des Punktes in der Regel schmerzhaft. Er reguliert das Lungen-Qi, vertreibt Schleim, Feuchtigkeit sowie Hitze und schafft Abhilfe bei allen Atemwegserkrankungen. Daneben wird der Punkt auch bei

Schmerzen und Bewegungseinschränkung im Schulterbereich eingesetzt.
Lage bei Hund und Katze:
an der Vorderbrust, innen neben dem Schultergelenk

LU 5 – Chize: Reduziert Hitze, vertreibt Feuchtigkeit, bringt das Lungen- und das Milz-Pankreas-Qi in Balance. Der Punkt wird unter anderem bei Atemwegserkrankungen mit viel Schleim und/oder Fieber, Schmerzen und Bewegungseinschränkung im Ellenbogengelenk, Lähmungen der unteren Vordergliedmaße verwendet.
Lage bei Hund und Katze: in der Ellenbogenbeugefalte,
unmittelbar außen neben der Bizepssehne

LU 7 – Lieque: Als Meisterpunkt für Kopf und Hals kann er bei allen Erkrankungen angewendet werden, die diesen Bereich betreffen, z. B. Halsentzündungen, Genicksteife und Gesichtslähmung. Er bringt das Lungen-Qi in Balance, öffnet die Oberfläche, verteilt das Abwehr-Qi (Wei-Qi), vertreibt äußeren Wind und Schleim. Dieser Punkt wird unter anderem bei plötzlich auftretenden Atemwegserkrankungen, Lahmheiten des Vorderfußwurzelgelenks und Ödemen der Vordergliedmaße eingesetzt. Dieser Punkt eignet sich besonders gut, um den Dickdarmmeridian zu unterstützen.
Lage bei Hund und Katze: auf der Innenseite des Vorderbeines,
in einer kleinen Vertiefung direkt oberhalb des Karpalgelenks
(Vorderfußwurzelgelenks)

Der Dickdarmmeridian

Der Dickdarm ist sowohl für die Aufnahme als auch für die Ausscheidung der Nahrung zuständig. Die Behandlung dieses Meridians bietet sich bei Blockierungen oder Schmerzen im Kopfbereich, Zahnschmerzen sowie Schulterschmerzen und Durchfall an.

Der äußere Krallenfalz der zweiten Zehe markiert den Beginn des Dickdarmmeridians, der schließlich an der Vorderseite der Vordergliedmaße nach oben wandert und am Ellenbogen nach außen kurvt, um sich dann zur Schulter zu begeben. Von dort aus zieht die Leitbahn über den Hals hin zum Unterkiefer, bis sie seitlich der Nase endet. Ein innerer Zweig passiert den Dickdarm.

Typische Symptome einer Störung

- Durchfall
- Gesichtslähmung
- Hauterkrankungen
- Lahmheiten der Vordergliedmaße
- Schluckbeschwerden
- Verstopfung
- Zahnschmerzen

Wichtige Akupunkturpunkte (insgesamt sind 20 Akupunkturpunkte bekannt)

DI 4 – Hegu: Meisterpunkt für Erkrankungen des Gesichtes und des Mundes und besonders geeignet bei Zahn- und Halsschmerzen, Gesichtslähmung und Kieferproblemen. Er ist einer der wichtigsten schmerzlindernden Punkte, sowohl für die Vordergliedmaße als auch für den Rest des Körpers. Gemeinsam mit

der Lunge fördert er das Abwehr-Qi (Wei-Qi), zusätzlich öffnet er die Oberfläche, vertreibt Wind, Kälte und Hitze, stärkt das Lungen-Qi und reguliert den Qi-Fluss. Er wird deshalb häufig zur Therapie von akuten Infektionskrankheiten, besonders der Atmungsorgane, verwendet.
Lage bei Hund und Katze: innen am Vorderbein, mittig auf der Hautfalte zwischen Daumenkralle und Mittelfuß

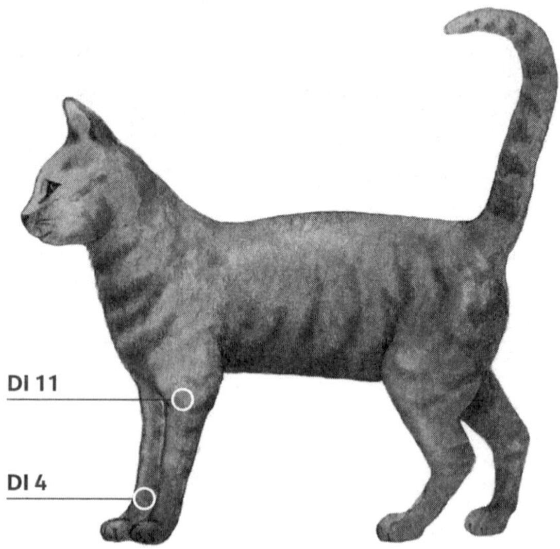

DI 11 – Quchi: Der Tonisierungspunkt eliminiert Hitze, Feuchtigkeit und Wind jeglicher Ursache und in allen Organen, bringt Qi und Xue in Balance. Letzteres wird zudem gekühlt. Der Punkt öffnet außerdem die Oberfläche, stärkt die Immunabwehr, unterstützt Sehnen und Gelenke, lindert deshalb unter anderem Ellenbogenerkrankungen und dortige Lahmheiten sowie Schmerzen in Gelenken, Schultern, Rücken und Zähnen. Weitere Indikationen sind Fieber, Juckreiz durch Hautkrankheiten und eben diese (z.B. Furunkel, Abszesse, Ekzeme), Infektionen, Harninkonti-

nenz, Verstopfung (bei einem spannungslosen Darm = atonische Obstipation) und Durchfall.
Lage bei Hund und Katze: bei gebeugtem Vorderbein am äußeren Ende der Ellbogenbeugefalte

Der Magenmeridian

Der Magenmeridian kontrolliert die Verarbeitung der Nahrung und ist der Ursprung der Körperflüssigkeiten. Dieser Meridian entspringt am Endpunkt des Dickdarm-Meridians, der sich neben der Nase befindet, und tritt unterhalb des Auges erstmals an die Körperoberfläche. Anschließend wandert er abwärts das Gesicht entlang, streift den vorderen Halsbereich und wandert seitlich an der unteren Brust- und Bauchwand entlang. Dort spaltet er sich. Ein Ast macht sich im Inneren des Körpers auf zum Magen, während sich der andere entlang der vorderen Außenseite der Hinterläufe zieht, wo er am äußeren Krallenfalz der zweiten Zehe endet. Die erste bzw. innerste Zehe an den Hintergliedmaßen fehlt den meisten Hunden und Katzen und ist, falls vorhanden, klein und funktionslos.

Typische Symptome einer Störung

- Appetitlosigkeit
- Blutarmut
- Durchfall
- Erbrechen
- Lahmheiten und Lähmungen der Hintergliedmaße
- Magen-Darm-Krämpfe
- Allgemeine Schwäche
- Verstopfung

Wichtige Akupunkturpunkte (insgesamt sind 45 Akupunkturpunkte bekannt)

MA 25 – Tianshu: Es ist ein allgemeiner Tonisierungspunkt, harmonisiert Qi und das Blut, vertreibt Hitze und Feuchtigkeit aus dem Magen, reguliert Magen, Milz und Darm und lindert dortige Schmerzen und Krämpfe. Darüber hinaus hilft der Punkt unter anderem bei Durchfall, Verstopfung, Erbrechen, schmerzhaften Blähungen, Magenschleimhautentzündung (Gastritis), Darm- und Bauchfellentzündung (Enteritis; Peritontitis), Ödemen im Bereich des Magen-Meridians, Zysten sowie Sterilität. Dieser Punkt wird auch als Alarmpunkt des Dickdarms bezeichnet und ist hilfreich bei der Diagnose von Dickdarmerkrankungen.

Lage bei Hund und Katze: in der Bauchmuskulatur, seitlich des Nabels, auf halber Strecke zwischen Nabel und Zitze

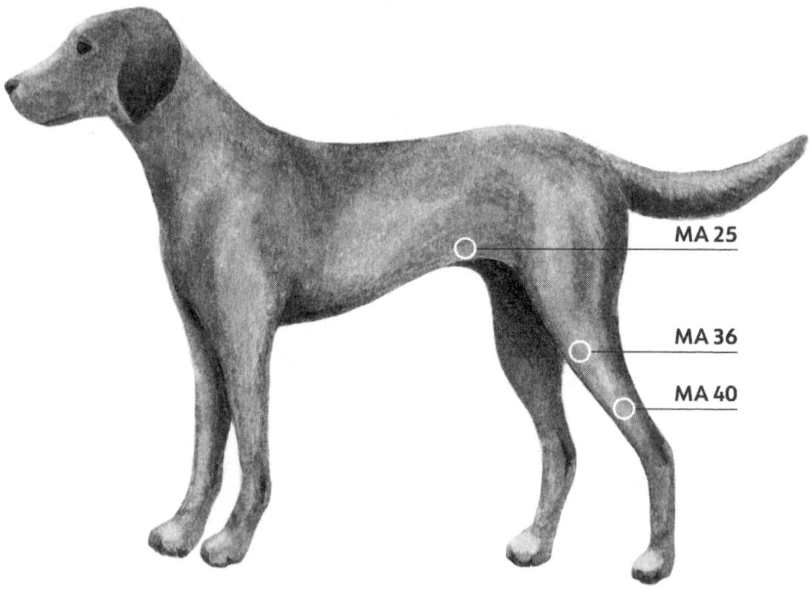

MA 36 – Zusanli: Der Meisterpunkt für den Bauch und die Verdauungsorgane kann bei allen Erkrankungen in diesem Bereich, z. B. Erbrechen, Durchfall, Verstopfung und krampfartige Bauchschmerzen, verwendet werden. Als allgemeiner Tonisierungspunkt stärkt er das Magen- und Milz-Qi, tonisiert Qi und das Blut, transformiert Feuchtigkeit und lindert Schmerzen in Magen, Knie und Bein. Er wird häufig bei allgemeiner Schwäche stimuliert.
Lage bei Hund und Katze: unterhalb des Knies außen neben der Schienbeinkante, in einer flachen Vertiefung oberhalb des Muskels

MA 40 – Fenglong: Bewegt Schleim, Nässe und Hitze und wird deshalb gern zur Therapie von Atemwegserkrankungen mit Schleimbildung genutzt. Weitere Anwendungsgebiete sind Schmerzen und Lahmheiten der Hintergliedmaße. Dieser Punkt eignet sich besonders, um den Partnermeridian des Magens, den Milzmeridian, zu unterstützen.
Lage bei Hund und Katze: an der Außenseite des Unterschenkels, in der Mitte zwischen Knie und Sprunggelenk, in einer flachen Delle mitten auf dem Muskel

Der Milz-Pankreas-Meridian

Im Milz-Pankreas-Meridian wird Qi gespeichert und gehütet. Darüber hinaus steigt hier das aus der Nahrung aufgenommene Nahrungs-Qi zur Lunge auf, wo es sich mit dem Atem-Qi vereint. Der Meridian hat seinen Anfang am inneren Krallenfalz der zweiten Zehe. Falls die Wolfskralle fehlt, ist dies die innerste Zehe. Er wandert an der Innenseite des Hinterbeines entlang bis zur Leiste und von dort außen an Unterbauch und Unterbrust entlang bis zum Brustkorb. Ein Nebenzweig spaltet sich in der Leiste ab und stößt im Inneren bis zur Milz hervor, und der Hauptzweig trifft auf die Brusthöhle.

Typische Symptome einer Störung

- Bindegewebsschwäche
- Fruchtbarkeitsstörungen
- Geburtsprobleme
- Hauterkrankungen
- Husten mit schleimigem Auswurf
- Alle Arten von Magen-Darm-Symptomen wie Appetitlosigkeit, Erbrechen, Durchfall, Müdigkeit und Schwäche
- Niesen mit schleimigem Sekret
- Verstopfung und krampfartige Bauchschmerzen

Wichtige Reizpunkte (insgesamt sind 21 Reizpunkte bekannt)

MP 6 – Sanyinjiao: Dieser Punkt wird auch als Meisterpunkt des hinteren Bauchraumes und des Urogenitaltraktes bezeichnet und kann bei allen Erkrankungen in diesem Bereich genutzt werden, sowohl bei Fortpflanzungsstörungen und Geburtsproblemen als auch bei Harninkontinenz, Harnwegsinfekten und krampfartigen Schmerzen in diesem Bereich. Er transformiert Feuchtigkeit und Schleim, kühlt und bewegt das Blut, stärkt das Milz-Qi und das Nieren-Yin, ist wirkungsvoll bei Erkrankungen von Nieren und Leber und hat tonisierende (kräftigende) Wirkung bei chronischer Müdigkeit.
Lage bei Hund und Katze: an der Innenseite des Unterschenkels, etwas oberhalb des Sprunggelenks, circa auf ¼ der Strecke zwischen Sprunggelenk und Knie

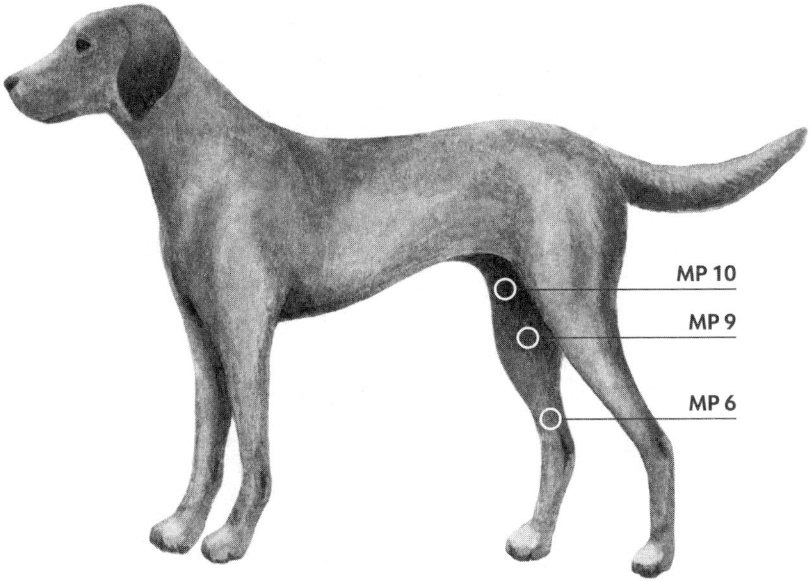

MP 9 – Yinlingquan: Vertreibt unter anderem Nässe (Feuchtigkeit und Wasseransammlungen) im Unterleib sowie Kälte, stärkt die Milz und die Urogenitalorgane, reguliert Milz und Magen und ist unter anderem hilfreich bei Ödemen, Pilzinfektionen, Entzündungen im Unterleib, Harninkontinenz, Krämpfen im Unterleib, Bauchschmerzen mit Durchfällen, Verstopfung, Lendenschmerzen sowie Schmerzen in den Extremitäten und Lahmheit.
Lage bei Hund und Katze: an der Innenseite direkt unterhalb des Kniegelenks, in einer kleinen Delle hinter dem Schienbeinknochen

MP 10 – Xuehai: Reguliert, nährt und kühlt das Blut (Xue), wirkt Blutungen entgegen, reguliert den Zyklus und schafft Abhilfe bei Fruchtbarkeitsstörungen sowie Uterusblutungen, stärkt die Milz, vertreibt Feuchtigkeit, schafft Abhilfe bei Ekzemen, hilft bei Juckreiz und Schwellungen im Anal- und Genitalbereich,

lindert Schmerzen. Der Punkt wirkt günstig bei Brunstverzögerung, Ödemen und hormonellen Störungen.
Lage bei Hund und Katze: auf der Oberschenkelinnenseite oberhalb der Kniescheibe, dort, wo der Muskel anfängt

Der Herzmeridian Shao Lin

Der Herzmeridian ist für das Kreislaufsystem und dessen Regulation zuständig. Er dringt in der Achsel an die Körperoberfläche und wandert an der hinteren Innenseite des Vorderbeines bis zum inneren Kronsaum der fünften = äußersten Zehe. Hier verschmilzt der Zweig mit dem Dünndarmmeridian.

Vorsicht!

Herzbeschwerden können lebensbedrohlich sein. Sehen Sie deshalb von einer Selbstbehandlung ab, und wenden Sie sich unmittelbar an eine Tierärztin bzw. einen Tierarzt!

Typische Symptome einer Störung

- Apathie
- Bewusstlosigkeit und Koma
- Schnelle oder unregelmäßige Herzfrequenz
- Kurzatmigkeit
- Unruhe und Schlaflosigkeit
- Rotes Zahnfleisch evtl. mit Zahnfleischbluten

Wichtige Akupunkturpunkte
(insgesamt sind 9 Akupunkturpunkte bekannt)

Der Herzmeridian wird nur sehr selten zur Therapie genutzt. Wenn möglich, wird das Organ bzw. der Meridian über die gekoppelten Meridiane oder über den Perikard-Meridian behandelt.

HE 7 – Shenmen: Dieser Punkt beruhigt den Geist, stärkt und nährt das Herz-Xue, tonisiert das Qi, schafft unter anderem Abhilfe bei Tremor, nervösem Harndrang, Angst, Depression, Atemnot, Rückenbeschwerden, Karpalgelenkbeschwerden, Ekzemen, Desorientierung und Energiemangel. Ebenso ist er wirksam bei Fieber.
Lage bei Hund und Katze: auf der Beugefalte des Pfotengelenks, innen neben der Beugesehne

Der Dünndarmmeridian

Der Dünndarmmeridian regelt die Aufnahme und Verarbeitung der Nährstoffe aus der Nahrung. Diese Leitbahn hat ihren Anfang am äußeren Krallenfalz der äußeren bzw. fünften Zehe und wandert an der hinteren Außenseite der Vordergliedmaße entlang. Am Ellenbogen angekommen, kurvt der Meridian auf die

Arminnenseite, um sich oberhalb des Ellenbogens wieder nach außen zu ziehen. Die Leitbahn erstreckt sich dann hinauf zur Schulter, von der aus sie sich ihren Weg zum Gesicht bahnt, dort findet sie ihr Ende vor dem Ohransatz. Der zweite Ast durchläuft Herz, Zwerchfell sowie Magen und trifft danach auf den Dünndarm.

Typische Symptome einer Störung

— Nackensteifigkeit
— Ohrprobleme
— Rückenschmerzen
— Schmerzen und Lahmheit der Vordergliedmaße

Wichtige Akupunkturpunkte
(insgesamt sind 19 Akupunkturpunkte bekannt)

DÜ 3 – Houxi: Der Punkt beruhigt den Geist und löst Hitze auf. Er beeinflusst den Rücken günstig, wirkt demnach Rücken- und

Schulterschmerzen sowie Problemen beim Drehen des Halses bzw. Senken des Kopfes und Nackensteifigkeit entgegen. Er hat sich außerdem bei Augenerkrankungen und -beschwerden sowie Lahmheiten der Vorderbeine bewährt und wirkt Krämpfen im gesamten Bewegungsapparat entgegen.
Lage bei Hund und Katze: bei gebeugter Pfote an der Außenseite in einer Vertiefung neben dem Zehengrundgelenk

Der Blasenmeridian

Der Blasenmeridian ist die längste aller Leitbahnen. Er ist für die Ausscheidung von Toxinen über den Urin zuständig und harmonisiert alle Körperfunktionen. Auf ihm liegen alle Zustimmungspunkte.

Der Blasenmeridian beginnt am inneren Augenwinkel und wandert von der Nasenwurzel über die Stirn bis zum Scheitelpunkt des Kopfes. Dort zweigt sich ein Nebenast ab, der ins Gehirn mündet. Der Hauptzweig zieht sich über den Hinterkopf und gabelt sich im Nacken. Ein Zweig führt dabei zur Basis des Nackens und von dort aus weiter parallel zur Wirbelsäule, das Rückgrat entlang. Im Bereich des Beckens spaltet er sich erneut. Ein Zweig durchquert Nieren und Harnblase, während der andere über das Schulterblatt verläuft und parallel zum zuvor beschriebenen Zweig am Rückgrat entlangführt. Am Hinterteil kurvt der Meridian gemeinsam mit dem anderen Zweig zur hinteren Oberschenkelseite, und sie verschmelzen auf Höhe der Kniekehle. Die vereinten Leitbahnen schwenken dann über die hintere Seite des Unterschenkels zum Fußaußenknöchel und vereinen sich schließlich am Krallenfalz der fünften Zehe außen mit dem Nierenmeridian.

Typische Symptome einer Störung

- Fruchtbarkeitsstörungen
- Geburtsprobleme
- Symptome der Harnorgane wie Harndrang, Harnabsatzstörungen und Harninkontinenz
- Lähmungen
- Lahmheiten der Hintergliedmaße
- Rückenschmerzen

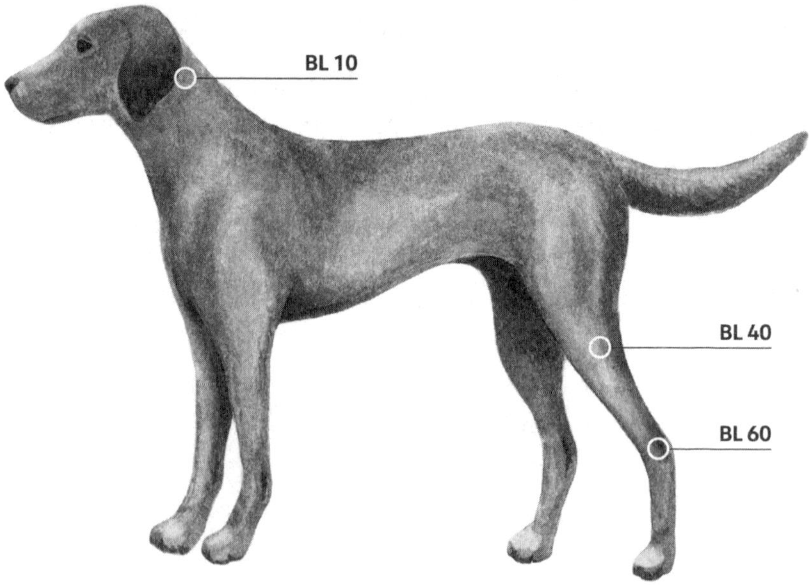

Wichtige Reizpunkte
(insgesamt sind 67 Reizpunkte bekannt)

BL 10 – Tianzhu: Schmerzen von Nacken, Schulter und Rücken kann mittels dieses Punktes entgegengewirkt werden. Er vertreibt äußeren und inneren Wind und beseitigt Obstruktionen der Leitbahn.

Lage bei Hund und Katze: seitlich der Halswirbelsäule kurz hinter der Schädelbasis auf den breiten Flügeln des ersten Halswirbels; diese sind in der Regel leicht ertastbar

BL 40 – Weizhong: Der Meisterpunkt für Rücken, Hüfte und Lendenregion kann bei allen schmerzhaften Erkrankungen und Lähmungserscheinungen in diesem Bereich angewendet werden. Er beseitigt Nässe und Hitze aus Blase, Xue und Haut. Deshalb wird er bei Harnwegsinfektionen und Hauterkrankungen im Meridianverlauf genutzt. Ein weiteres Einsatzgebiet sind Lahmheiten und Schmerzen des Knies.
Lage bei Hund und Katze: genau in der Mitte der Kniekehle

BL 60 – Kunlun: Bei Schmerzen in Rücken und Lendenwirbelsäule lohnt sich die Anregung dieses Punktes, der rebellierendes Qi aus dem Kopf hemmt, Yang senkt und Wind sowie Hitze auflöst. Er kann ebenfalls bei Erkrankungen der Harnorgane und der Geschlechtsorgane angewendet werden.
Lage bei Hund und Katze: auf der Außenseite des Hinterbeines, im unteren Ende der Grube vor der Achillessehne; auf der Innenseite liegt dort Niere 3, sodass die beiden Punkte gut gemeinsam stimuliert werden können

Der Nierenmeridian

In den Nieren wird die Vitalessenz Jing gespeichert. Sie sind demnach ein Leben lang von großer Bedeutung für die Vitalität, Kraft und Gesundheit.

Der Nierenmeridian entspringt an dem unteren Ballen der Hinterpfote, kurvt um den inneren Fußgelenkknöchel und zieht sich über die hintere innere Unterschenkelseite bis zur Kniekehle. Von dort aus verläuft der Meridian hinauf zum Oberschenkel und bahnt sich im Intimbereich seinen Weg in das Körperinnere. Von den Nieren aus führt er zur Harnblase und trifft oberhalb des Schambeins wieder an die Körperoberfläche. Dann passiert er Bauch und Brust und erstreckt sich weiter nach oben. Oberhalb des Schambeins beginnt ein zweiter Ast aus den Nieren. Dieser geht zur Leber, stößt auf Zwerchfell, Lungenflügel sowie Kehle und verläuft bis zur Zungenwurzel. In der Lunge befindet sich ein kleiner Ast. Er wandert zum Herzen und vereint sich in der Brust mit dem Perikardmeridian.

Insbesondere ältere Patienten sind von Störungen in diesem Funktionskreis betroffen.

Typische Symptome einer Störung

- Ängstlichkeit
- Atembeschwerden
- Fruchtbarkeitsstörungen
- Symptome der Harnorgane wie Harndrang, -absatzstörungen und -inkontinenz
- Husten
- Kälteempfindlichkeit
- Chronische Lahmheiten der Hintergliedmaße
- Ohrerkrankungen
- Schwäche
- Verstopfung

Wichtige Akupunkturpunkte (insgesamt sind 27 Akupunkturpunkte bekannt)

NI 3 – Taixi: Dieser Punkt nährt die Niere, tonisiert die Essenz Jing und reguliert die Uterusfunktion. Er wird bei Kälteempfindlichkeit, chronischen Lahmheiten, Wirbelsäulen- und Bandscheibenerkrankungen, Erkrankungen der Harnorgane und bei Fruchtbarkeitsstörungen eingesetzt. Häufig genutzter Punkt bei sehr jungen und sehr alten Tieren.

Lage bei Hund und Katze: auf der Innenseite des Hinterbeines, im unteren Ende der Grube vor der Achillessehne; auf der Außenseite liegt Blase 60, sodass die Punkte häufig gemeinsam stimuliert werden

NI 7 – Fuliu: Fuliu gleicht den Säftehaushalt aus, unterstützt Nieren, stärkt Nieren-Yang. Er klärt feuchte Hitze und wird deshalb gern bei entzündlichen Erkrankungen der Harnorgane verwendet, wie Nierenentzündung, Blasenentzündung. Weitere Anwendungsgebiete sind Ödeme und Lahmheiten der Hintergliedmaße, Rückenschmerzen und Kälteempfindlichkeit.

Lage bei Hund und Katze : auf dem Hinterbein an der Innenseite, am Vorderrand der Achillessehne, an ihrem oberen Ende, bevor sie sich zum Muskel verdickt

NI 27 – Shufu: Dieser Punkt unterstützt die Niere dabei, Qi zu empfangen, und schafft Abhilfe bei Atembeschwerden wie Kurzatmigkeit, Keuchen oder Asthma. Als schleimlösender Punkt wird er gern bei entzündlichen Erkrankungen der Atemwege verwendet.
Lage bei Hund und Katze: im Dreieck zwischen Brustbeinspitze und erster Rippe

Der Perikardmeridian

Der Perikardmeridian (auch Herzbeutelmeridian bzw. Kreislauf-Sexualität-Meridian) ist der Beschützer des Herzmeridians. Diese Eigenschaft wird genutzt, um das Herz beeinflussen zu können, ohne den Herzmeridian stimulieren zu müssen. Dieser Meridian beginnt im Perikard (Herzbeutel), also in der Brusthöhle. Von dort aus bahnt er sich zum Zwerchfell und verbindet die drei Teile des Dreifachen Erwärmers (oberer, mittlerer und unterer Teil). Ein zweiter Ast wandert bis zur Brust und dringt hier an die Körperoberfläche. Dann umkreist er die Achselhöhle und führt an der Innenseite der Vordergliedmaße entlang. Im Bereich der Armbeuge zieht er sich über den Unterarm bis zum großen Ballen der Vorderpfote und wandert weiter bis zum äußeren Krallenfalz der dritten Zehe, wo sein Endpunkt ist. In der Pfote separiert sich ein kleiner Ast, der auf der Spitze der vierten Zehe mit dem Dreifache-Erwärmer-Meridian verschmilzt.

Typische Symptome einer Störung

Alle Symptome, die auch mit Störungen im Herzen und im Herzmeridian in Verbindung gebracht werden:
— Apathie

— Bewusstlosigkeit und Koma
— Kurzatmigkeit
— Lahmheiten der Vordergliedmaße
— Schnelle oder unregelmäßige Herzfrequenz
— Unruhe und Schlaflosigkeit
— Rotes Zahnfleisch evtl. mit Zahnfleischbluten

Wichtige Akupunkturpunkte (insgesamt sind 9 Akupunkturpunkte bekannt)

PE 6 – Neiguan: Dieser Punkt gilt als Meisterpunkt für den Brustkorb und den vorderen Bauchbereich. Mittels dieses Punktes können Xue und Qi im Brustkorb bewegt werden. Ebenso sorgt er für Bewegung des Leber-Qi, eliminiert Hitze und harmonisiert die Mitte. Er ermöglicht die Öffnung des Brustkorbs, beruhigt und klärt den Geist und reguliert den Kreislauf. Angewendet wird Neiguan unter anderem bei allen Arten von Atemwegserkrankungen, bei Reflux, Übelkeit und Erbrechen, Blähungen, Bauchschmerzen, Blut im Stuhl, fauligem Mundgeruch und

Schluckauf. Außerdem wird er zur Therapie von Herzerkrankungen im Sinne der TCVM und bei Lahmheiten der Vordergliedmaße genutzt.
Lage bei Hund und Katze: mittig auf der Innenseite des Unterarmes, etwas oberhalb des Vorderfußwurzelgelenks, nach ca. ⅙ der Strecke vom Vorderfußwurzelgelenk zum Ellenbogen.

Der Dreifache-Erwärmer-Meridian

Die Funktion dieses Meridians ist sicherlich am schwersten zu verstehen, da ihm keine Organe im klassischen Sinne zugeordnet sind. Er steuert vielmehr die Funktionen der drei Erwärmer (oberer, unterer und mittlerer Erwärmer), die man grob als Organe des Brustraumes, des vorderen und des hinteren Bauchraumes übersetzen kann. Darüber hinaus beeinflusst er sämtliche Organe und wird in der TCM auch die »Straße des Ursprungs-Qi« genannt. Dieser Meridian beginnt an der Außenseite der vierten Zehe und zieht sich von dort aus zur Rückseite der Vordergliedmaße und weiter über das Karpalgelenk zum Unterarm. Am Ellenbogen erstreckt er sich zur Hinterseite des Oberarms und wandert hinauf bis zur Schulter. Kurz darunter verzweigt sich der Meridian. Ein Ast bahnt sich seinen Weg in das Körperinnere, durchdringt die Brust, kreuzt Herzbeutel und Zwerchfell. Danach vereint er die drei Erwärmer. Der zweite Zweig führt am Hals entlang und zieht sich bis zum oberen Rand des Ohrs. Im Körperinneren kurvt er um die Gesichtshälfte. Ein kurzer Ast befindet sich hinter dem Ohr, durchdringt das Hörorgan und trifft vor dem Ohr angekommen wieder auf die Körperoberfläche. Dann verläuft er zum äußeren Ende des Augenlides und vereint sich mit dem Gallenblasenmeridian.

Typische Symptome einer Störung

Kann bei annähernd allen Erkrankungen der inneren Organe beteiligt sein, besonders:

— Augenerkrankungen
— Ohrerkrankungen
— Lahmheiten der Vordergliedmaße

Wichtige Reizpunkte (insgesamt sind 23 Reizpunkte bekannt)

3E 5 – Waiguan: Beseitigt alle äußeren pathogenen Faktoren und befreit die Oberfläche, weshalb er häufig bei akuten Infektionskrankheiten verwendet wird; er unterdrückt das Leber-Yang. Insbesondere bei Lahmheit der Vordergliedmaße kann dieser Punkt Abhilfe schaffen, da er einen starken Einfluss auf die sich im Meridianverlauf befindlichen Muskeln und Sehnen hat. Seine Wirkung auf die Augen und die Ohren ist ebenso intensiv, weshalb er bei zahlreichen Beschwerden dieser Sinnesorgane angewendet wird.

Lage bei Hund und Katze: auf der Außenseite des Unterarms etwas oberhalb des Vorderfußwurzelgelenks, zwischen Elle und Speiche, in einer Vertiefung ungefähr auf ⅙ der Strecke zwischen Vorderfußwurzelgelenk und Ellenbogen

Der Gallenblasenmeridian

Diese Leitbahn wird mit Durchsetzungsfähigkeit assoziiert. Der Gallenblasenmeridian hat seinen Anfang am äußeren Augenwinkel und setzt sich aus zwei Ästen zusammen. Ein Ast verläuft in Zickzack-Linien seitlich am Schädel, wandert dann hinter das Ohr und verläuft seitlich an Hals, Brustkorb und Bauch entlang bis zur Hüfte. Der zweite Ast zieht sich im Körperinneren über Gesicht, Brust, Leber und Gallenblase. An der Bauchunterseite gelangt dieser Zweig an die Körperoberfläche und verschmilzt im Bereich der Hüfte mit dem ersten Zweig. Von dort aus verläuft der nun vereinte Meridian über die Oberschenkelaußenseite des Hinterbeins über das Knie zum vorderen Bereich des Unterschenkels und schließlich zum äußeren Sprunggelenk. Von hier wandert er bis zum äußeren Krallenfalz der vierten Zehe. Auf dem Rist separiert sich ein kleiner Ast. Er erstreckt sich über den Fuß bis zur ersten Zehe, wo er mit dem Lebermeridian verschmilzt.

Typische Symptome einer Störung

- Lahmheiten und Lähmungen
- Verdauungsstörungen aller Art, u.a. Erbrechen, Durchfall, Verstopfung, schmerzhafte Blähungen

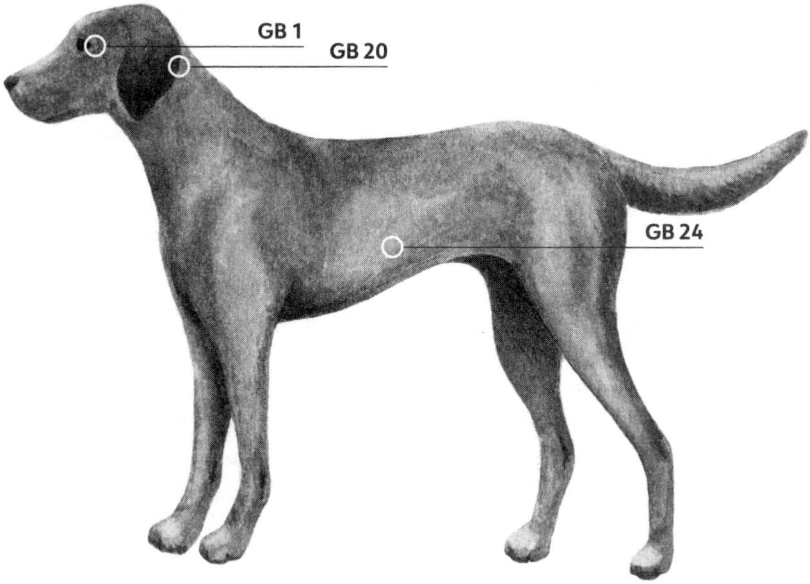

Wichtige Reizpunkte (insgesamt sind 44 Reizpunkte bekannt)

GB 1 – Tongziliao: Dieser Punkt besänftigt Feuer und eliminiert Wind-Hitze. Er wird unter anderem eingesetzt bei Augenbeschwerden wie schmerzende Augen, Irisentzündung oder Bindehautentzündung sowie Schwellung des Augenlides, und er klärt die Sicht.
Lage bei Hund und Katze: am äußeren Augenwinkel

GB 20 – Fengchi: Vertreibt äußeren und inneren Wind, Wind-Hitze und Wind-Kälte. Er wird deshalb häufig bei sehr plötzlich auftretenden Erkrankungen aller Art eingesetzt, z. B. bei infektiösen Erkrankungen, Bindehautentzündung, Epilepsie, Lähmungen und Bandscheibenerkrankungen. Er unterstützt neben dem Auge auch das Ohr und kann bei Gehörverlust stimuliert werden. Weitere Einsatzgebiete sind Nasenbluten und Schlafstörungen.

Lage bei Hund und Katze: im Nacken, seitlich der Mittellinie in einer Vertiefung zwischen Schädel und erstem Halswirbel

GB 24 – Riyue: Dieser Punkt hat eine günstige Wirkung auf die Gallenblase, unterstützt den Gallenfluss und verteilt Leber-Qi, harmonisiert den mittleren Erwärmer, eliminiert Hitze sowie Nässe in der Gallenblase und bekämpft rebellierendes Qi. Er schafft Abhilfe bei Gallenblasen- und Lebererkrankungen und wird eingesetzt bei Übelkeit und Erbrechen, Blähungen.
Lage bei Hund und Katze: auf der Linie zwischen den Brustwarzen, in Höhe des siebten Rippenzwischenraums (Intercostalraum ICR) = vierter ICR von hinten

Der Lebermeridian

Die Leber sorgt für einen gleichmäßigen Qi-Fluss, speichert Xue und reguliert seine Verteilung. Mithilfe des Lebermeridians können vor allem gynäkologische Leiden im Unterbauch behandelt werden. Daneben leistet die Leitbahn einen bedeutenden Beitrag bei der Gewinnung von Energie, die für körperliche Leistungen benötigt wird.

Der Lebermeridian beginnt beim Menschen auf der Spitze der großen Zehe. Allerdings besitzen viele Vierbeiner keine große Zehe, weshalb Uneinigkeit über den Anfang dieses Meridians bei Tieren besteht. Fest steht, dass er über die Vorderseite der Hintergliedmaße bis zum Sprunggelenk führt und dann an der inneren Unterschenkelseite entlang über das Knie zum inneren Oberschenkel und schließlich in den Lendenbereich wandert. Hier kurvt die Leitbahn um die äußeren Genitalien und dringt im Bereich des Unterbauchs in das Körperinnere ein, um dort zur Leber zu steigen und danach die Gallenblase zu kreuzen. An den unteren Rippen angelangt, spaltet sich die Leitbahn mehrfach und passiert den Lungenmeridian. Ein Zweig verläuft entlang der Luftröhre zur Kehle und schließlich zum Auge. Danach bahnt er sich seinen Weg über die Stirn bis zum Scheitelpunkt des Kopfes. Im Bereich der Wange zweigt sich ein Ast ab und umläuft die Innenseite der Lippen.

Typische Symptome einer Störung

- Aggressivität
- Augenprobleme
- Durchfall
- Erbrechen
- Fortpflanzungsstörungen
- Gelbsucht
- Hautprobleme
- Nervosität
- Rheuma
- Schluckbeschwerden
- Schulterprobleme
- Stoffwechselstörungen

Wichtige Akupunkturpunkte (insgesamt sind 14 Akupunkturpunkte bekannt)

LE 3 – Taichong: Dieser Punkt harmonisiert das Leber-Qi und kühlt das Blut Xue. Er senkt das Leber-Yang und leitet inneren und äußeren Wind aus. Des Weiteren hat er eine stark krampflösende Wirkung und wird deshalb gern bei krampfartigen Bauchschmerzen stimuliert. Sowohl bei Erkrankungen der Leber als auch bei Fruchtbarkeitsstörungen kann er hilfreich sein. Wei-

tere Einsatzgebiete sind Augenerkrankungen, Muskelspasmen, Stress und Aggression, Schlaflosigkeit und Epilepsie.
Lage bei Hund und Katze: auf dem oberen Drittel des zweiten (= häufig innersten, weil innerste Zehe meist fehlt) Mittelfußknochens

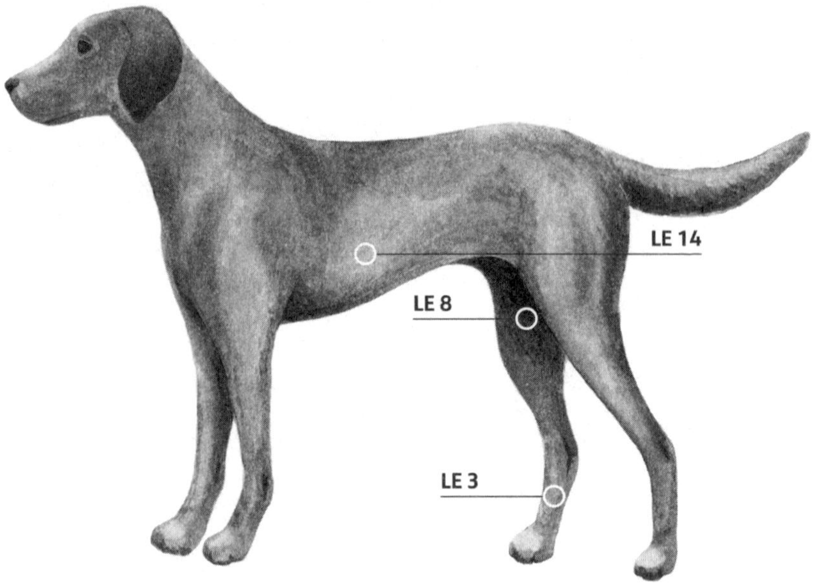

LE 8 – Ququan: Der Punkt, der vor allem die Genitalien unterstützt und deshalb häufig bei genitalen Beschwerden, zur Regulierung der Rolligkeit/Läufigkeit/Rosse, bei sexueller Schwäche sowie zur Belebung des Blutes im Uterus eingesetzt wird, nährt das Leber-Xue, stärkt die Harnblase sowie Yin, vertreibt Hitze und Feuchtigkeit aus dem unteren Erwärmer und reguliert das Leber-Qi. Angewendet wird er unter anderem auch bei Leberinsuffizienz, Darmspasmen, Gallenstörungen, Schmerzen im Kniegelenk, Muskelverkürzungen, Bindegewebsschwäche, Juckreiz im Genitalbereich und allgemeiner Schwäche.
Lage bei Hund und Katze: am inneren Ende der Kniegelenksfalte

LE 14 – Qimen: Stärkt das Qi und Yin der Leber, fördert den weichen Fluss des Leber-Qi und kühlt Xue. Der Punkt wird neben Erkrankungen der Leber und der Gallenblase auch bei Erkrankungen der Milchdrüse eingesetzt, z. B. mangelnde Milchbildung und Entzündungen der Milchdrüse. Auch bei starken Blutungen aufgrund von Bluthitze kann er hilfreich sein.
Lage bei Hund und Katze: auf der Verbindungslinie der Zitzen, im 5. Zwischenrippenraum von hinten

Die außerordentlichen Gefäße

Die Aufgabe der außerordentlichen Gefäße besteht darin, Qi-Mangel oder -Überschuss in den Hauptleitbahnen auszugleichen. Sie stehen nicht direkt mit den Organen in Verbindung, tauchen auch nicht in der Organuhr auf und müssen über spezifische Schlüsselpunkte auf den Hauptmeridianen aktiviert werden, da sie keine eigenen Reizpunkte besitzen – das Lenkergefäß/Ren Mai und das Konzeptions- oder Dienergefäß/Du Mai bilden hier eine Ausnahme.

Hinweis

Die außerordentlichen Gefäße sind zwar nicht Teil der Organuhr, dennoch ist ihre Anwendung bei einigen Störungen anderer Organe sinnvoll.

Das Lenkergefäß

Das Lenkergefäß schafft eine Verbindung zwischen allen Yang-Meridianen und harmonisiert deren Energien. Darüber hinaus beeinflusst es die Nerven-, Muskel- und Wirbelsäulenfunktionen. Es entspringt in der Beckenhöhle. Ein Ast wandert durch das Körperinnere hinauf zu den Nieren. Ein zweiter führt im Körperinneren nach unten und dringt zwischen den äußeren Genitalien und dem Anus an die Körperoberfläche. Von hier führt es entlang der oberen Mittellinie über Rücken, Hals und Kopf bis zur Nase. Sein Endpunkt befindet sich im oberen Zahnfleisch.

Typische Symptome einer Störung

- Fruchtbarkeitsstörungen
- Lahmheiten und Lähmungserscheinungen, besonders der Hintergliedmaße
- Nackenschmerzen
- Rückenschmerzen

Wichtige Akupunkturpunkte (insgesamt 28 Akupunkturpunkte bekannt)

Bai Hui der Tiere: Dieser Punkt existiert nur in der Traditionellen Chinesischen Tiermedizin und ist die Übertragung des Punktes LG 20 des Menschen. LG 20 des Menschen befindet sich mitten auf dem Kopf, an der höchsten Stelle des Körpers. Stehen unsere Vierbeiner in entspannter, natürlicher Haltung, ist der Kopf nicht (immer) die höchste Stelle des Körpers, sondern der hintere Rücken. Dieser schmerzstillende und Wärme spendende Punkt reguliert Leere und Kälte im unteren Körperbereich. Er eliminiert Wind sowie Wind-Feuchtigkeit und hilft bei kältebedingten Beschwerden im unteren Erwärmer wie Zyklusstörungen, Schwäche und Lähmungen der Hinterläufe. Bai Hui kann bei jeder Art von Schmerzen, Lahmheit und Lähmung der Hintergliedmaße und der Lendenwirbelsäule verwendet werden.

Lage bei Hund und Katze: auf der Mittellinie des Rückens zwischen letztem Lendenwirbel und Kreuzbein; der Abstand zwischen den tastbaren Dornfortsätzen der Wirbelkörper ist dort besonders groß;

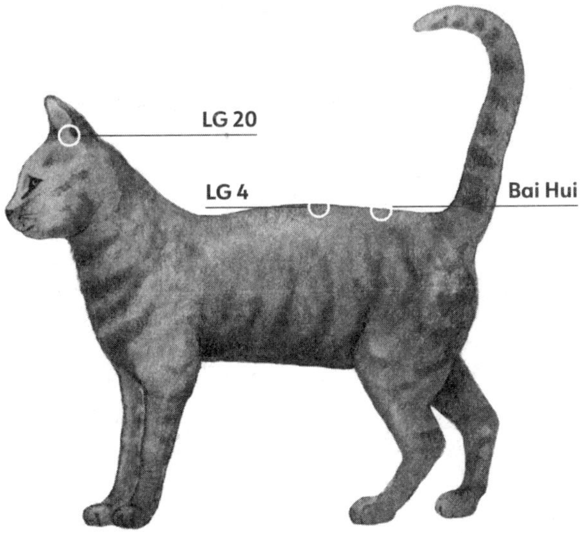

LG 4 – Mingmen: Allgemeiner Tonisierungspunkt des Yang, vertreibt Kälte und erreicht das Ursprungs-Qi. Dieser Punkt wird bei Fruchtbarkeitsstörungen, Inkontinenz, Entzündungen der Harnorgane und Problemen der Lendenwirbelsäule verwendet. *Lage bei Hund und Katze: auf der Mittellinie des Rückens zwischen den Dornfortsätzen des zweiten und dritten Lendenwirbels (von den Lendenwirbeln führen seitlich keine Rippen weg)*

LG 20 – Baihui (beim Menschen): Dieser Punkt eliminiert inneren Wind, bewegt Yang und Qi nach oben, stärkt die Sinnesorgane und den Kopf, reguliert die Leber und beruhigt den Geist. Letzteres erklärt seine Wirkung bei Unruhe und Schlafstörungen. Eingesetzt wird er am häufigsten bei Energiemangel, An-

triebslosigkeit, Yang-Dysbalance, Orientierungslosigkeit, Bewegungsstörungen sowie Epilepsie.
Lage bei Hund und Katze: auf der Mittellinie des Kopfes, zwischen dem vorderen Ende der Ohren

Das Konzeptionsgefäß

Das Konzeptionsgefäß (auch Dienergefäß) ist mit den sechs Yin-Meridianen verbunden und wacht über deren Energien (Qi), weshalb es auch »Meer der Yin-Meridiane« genannt wird. Es verkörpert alle Yin-Eigenschaften und steht für das Weiche, Passive sowie Empfangende. Wie das Lenkergefäß (Du Mai) gleicht es Qi-Mangel oder -Überschuss in den Hauptleitbahnen aus.

Diese Leitbahn beginnt in der Beckenhöhle und stößt am Damm zur Körperoberfläche vor. Anschließend wandert das Gefäß entlang der unteren Mittellinie bis zur Unterlippe. Dort teilt es sich, umläuft im Körperinneren das Maul beidseitig und endet an den Augen.

Typische Symptome einer Störung

Die Symptome bei Störungen im Konzeptionsgefäß können sehr unterschiedlich ausfallen und sind abhängig davon, welche Organe in räumlicher Nähe der Störung liegen.

- Alle Symptome des Atmungstraktes, u. a. Husten, Niesen, Schweratmigkeit
- Allgemeine Schwäche
- Fruchtbarkeitsstörungen
- Geburts- und Nachgeburtsprobleme
- Alle Symptome der Harnorgane, u. a. vermehrter Harndrang und Blut im Urin

— Alle Magen-Darm-Symptome, u. a. Erbrechen, Durchfall, Verstopfung und Blähungen

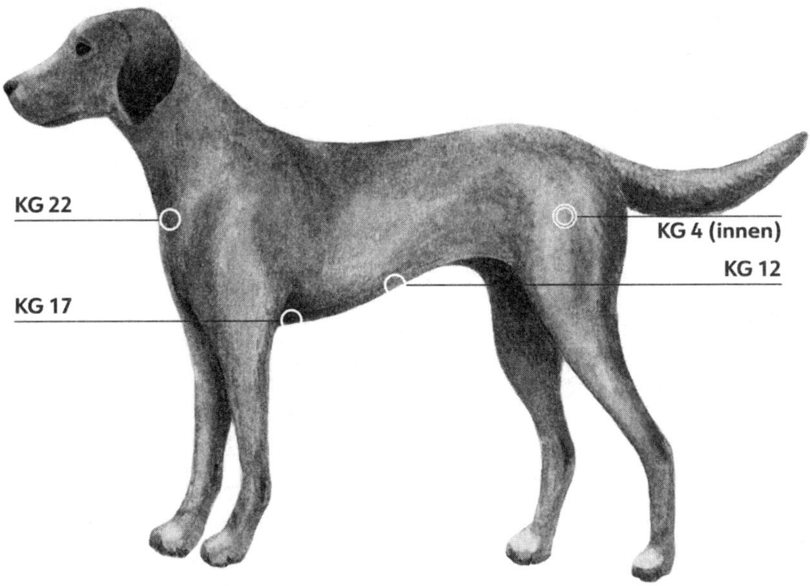

Wichtige Akupunkturpunkte (insgesamt 24 Akupunkturpunkte bekannt)

KG 4 – Guanyuan: Dieser Punkt wird auch »Alarmpunkt« der Blase genannt und demzufolge unter anderem zur Diagnose von Blasenerkrankungen eingesetzt. Er beseitigt Nässe, Hitze und Kälte aus den Genitalorganen, weshalb er zur Therapie von Urogenitalerkrankungen und Nachgeburtsstörungen genutzt wird.

Lage bei Hund und Katze: auf der bauchseitigen Mittellinie im Zwischenschenkelbereich, am Übergang zwischen schwach und stark behaarter Haut

KG 12 – Zhongwan: Als Alarmpunkt des Magens ist dieser Punkt bei Erkrankungen desselben häufig schmerzhaft. Er kann zur

Therapie fast aller Magen-Darm-Erkrankungen eingesetzt werden, besonders in Verbindung mit Erbrechen, Durchfall oder schmerzhaften Blähungen. Er stärkt das Qi des Magens und des gesamten Verdauungsapparates.
Lage bei Hund und Katze: auf der bauchseitigen Mittellinie, in der Mitte zwischen Nabel und hinterem Brustbeinende

KG 17 – Shanzhong: Die Stimulation dieses Punktes erleichtert die Atmung bei Herz- und Lungenerkrankungen und gilt deshalb als Meisterpunkt für Atmung und Brustkorb. Zugleich ist er der Alarmpunkt des Pericards und wird zur Diagnose von Störungen in diesem Organ verwendet. Des Weiteren wirkt dieser Punkt psychisch ausgleichend, auch beim Tier.
Lage bei Hund und Katze: auf der bauchseitigen Mittellinie, in der Mitte des Brustbeins in einer flachen Delle

KG 22 – Tiantu: Dieser Punkt fördert das Absteigen des Lungen-Qi und beseitigt Schleim und Hitze. Er wird insbesondere bei Atemwegserkrankungen mit starker Schleimbildung stimuliert.
Lage bei Hund und Katze: an der vorderen Brustbeinspitze

Die fünf Elemente

Die fünf Elemente (auch fünf Wandlungsphasen genannt) sind Teil der chinesischen Philosophie. Erstmalige Erwähnung findet diese Naturmetapher bei Zou Yan im 4. Jahrhundert vor Christus. Sie sind eingebettet in der chinesischen Sicht des Kosmos und spiegeln die dort geltenden dynamischen Prozesse von Yin und Yang sowohl in der Natur als auch im Menschen, der aus ihr hervorgebracht wurde und mit ihr ein gemeinsames Ganzes ergibt, wider.

Die unterschiedlichen Himmelsrichtungen, Tages- und Jahreszeiten, das Klima, das Pflanzenwachstum, Geschmäcker, Gerüche, Laute, Emotionen, Lebensphasen und Farben sind ebenso wie Yin- bzw. Yang-Organe, Gewebe oder Sinnesorgane Ausdruck des steten Wandels der fünf Elemente. Im Körper fließt die Lebensenergie von einer Wandlungsphase in die nächste.

Den fünf Elementen Holz, Feuer, Erde, Metall und Wasser werden alle genannten Phänomene zugeordnet, und sie beinhalten zudem zahlreiche Entsprechungen:

- Holz symbolisiert das Kind, den Osten und den Frühling, bedeutet Wachstum und steht für das Yin-Organ Leber und das Yang-Organ Gallenblase.
- Das Feuer repräsentiert den Jugendlichen, den Süden und den Sommer, wird mit Begeisterung und Lebensfreude assoziiert und steht auf organischer Ebene mit dem Yin-Organ Herz und dem Yang-Organ Dünndarm in Verbindung.
- Der Erde werden der Erwachsene, die Mitte und der Spätsommer zugeordnet. Sie symbolisiert Beständigkeit sowie Klarheit und repräsentiert den Magen und die Milz.

- Metall steht für den gereiften Erwachsenen und den Westen ebenso wie für Herbst, Begierde und Eitelkeit. Das ihm entsprechende Yang-Organ ist der Dickdarm, das Yin-Organ ist die Lunge.
- Das Wasser ist Sinnbild für Norden und Winter. Es verkörpert Konzentration, Wandlung, Unabhängigkeit und Flexibilität. Die Harnblase wird als Yang-Organ und die Nieren als Yin-Organ mit Wasser in Verbindung gebracht.

Mithilfe der fünf Wandlungsphasen können wir, im Sinne der TCVM, die Ursache eines Symptoms bei unseren Haustieren näher bestimmen.

Zum Beispiel beruhen Erkrankungen des Auges häufig auf Störungen im Funktionskreis Galle-Leber, während Hauterkrankungen besonders mit dem Funktionskreis Herz-Dünndarm assoziiert werden.

Bei einem hustenden Hund im Herbst, der gleichzeitig ein stumpfes, trockenes Fell hat und nach dem Verlust eines Rudelmitglieds trauert, ist eine Lungen-Qi-Leere als Ursache sehr wahrscheinlich. Hustet dieser Hund jedoch im Frühjahr und erscheint gleichzeitig übertrieben reizbar, ist eher eine Leber-Qi-Leere die Ursache. Sollte es sich bei dem Patienten um einen sehr schwachen, ängstlichen älteren Hund handeln, würden wir am ehesten eine Nieren-Qi-Leere vermuten.

Des Weiteren können wir auch die meisten Individuen, egal ob Hund, Katze oder Pferd, einer Wandlungsphase zuordnen.

Einteilung nach den fünf Elementen					
Element	**Holz**	**Feuer**	**Erde**	**Metall**	**Wasser**
Geschmack	sauer	herb/ bitter	süß	scharf	salzig
Geruch	ätzend, ranzig	verbrannt	aroma- tisch	faulig	verwittert
Gefühl	Wut	Freude	Nach- denken, Grübeln	Kummer	Angst
Farbe	Blau/Grün	Rot	Gelb	Weiß	Schwarz
Laut	schreien	lachen	singen	weinen	seufzen
Himmelsrichtung	Osten	Süden	Mitte	Westen	Norden
Jahreszeit	Frühling	Sommer	Spätsom- mer	Herbst	Winter
Klimafaktor	Wind	Hitze	Feuchtig- keit	Trocken- heit	Kälte
Lebensphase	Kind	Jugend- licher	Erwachse- ner	Gereifter Erwachse- ner	Alter Mensch
Sinnesorgan	Augen	Zunge	Mund	Nase	Ohren
Gewebe	Muskeln und Sehnen (in ihrer Be- wegungs- funktion)	Blut- bahnen	Muskeln und Bin- degewebe (in ihrer formge- benden Funktion)	Haut	Knochen
»Manifestation«	Krallen, Hufe	Haut- und Schleim- hautfarbe	Körper- form	Körper- haare	Kopfbe- haarung, Mähne, Schweif
Yin-Organ	Leber	Herz	Milz	Lunge	Nieren
Yang-Organ	Gallen- blase	Dünn- darm	Magen	Dickdarm	Harnblase

Die Zyklen der fünf Elemente

Das Elementesystem setzt sich aus Durchgangs- und Bewegungsphasen zusammen. Es befindet sich im stetigen Wandel innerhalb der phasisch ablaufenden Vorgänge. Jeder Turnus bildet die Grundlage für den daran anschließenden Prozessablauf. In ihrer Summe ergeben sie ein ewiges Kontinuum, das sich durch Dynamik auszeichnet. Das bedeutet, es findet keine monotone Wiederholung statt, sondern vielmehr eine Evolution.

Die Elemente bringen sich gegenseitig hervor, kontrollieren und überwältigen sich. Sie stehen deshalb in einer innigen Wechselbeziehung zueinander. Das Gleichgewicht der fünf Elemente wird dabei durch den Erschaffungszyklus, den Kontrollzyklus, den Erschöpfungszyklus und den Schädigungszyklus gewährleistet.

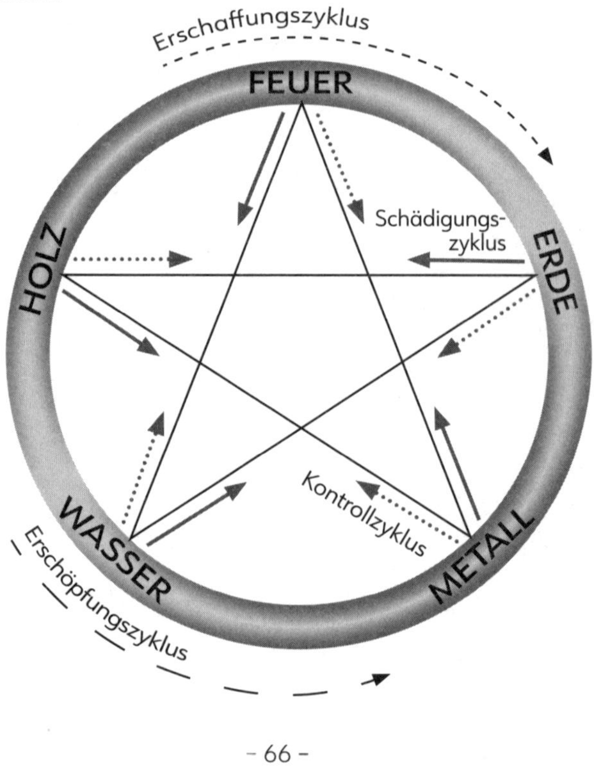

Der Erschaffungszyklus/Sheng-Zyklus

Im Erschaffungszyklus erzeugt, nährt und unterstützt ein Element das nächste:

- Holz ist notwendig, damit das Feuer brennen kann.
- Feuer lässt Asche entstehen. Diese wiederum liefert der Erde Nährstoffe.
- Die Erde bringt Metalle und Mineralien hervor.
- Metalle und Mineralien reichern das Wasser an.
- Wasser ist die Voraussetzung für das Wachstum der Pflanzenwelt (Holz).

Die Balance des Elementesystems kann ins Wanken geraten, sobald ein Element geschwächt ist und das darauffolgende nicht mehr ausreichend ernähren kann.

Die folgenden Kontrollmechanismen verhindern eine Disharmonie der Elemente und sorgen dafür, dass die Energie im Gleichgewicht bleibt:

Der Kontrollzyklus/Ke-Zyklus

Die fünf Elemente kontrollieren sich gegenseitig und halten so die Balance der Energien aufrecht, da Mangel und Überfluss den Kreislauf negativ beeinträchtigen könnten:

- Holz entzieht der Erde Nährstoffe und wirkt beispielsweise Bodenerosionen entgegen.
- Die Erde nimmt Wasser auf.
- Wasser löscht Feuer.
- Feuer verformt Metall.
- Metall spaltet (Axt) oder zerkleinert (Säge) Holz.

Der Erschöpfungszyklus/Cheng-Zyklus

Im Erschöpfungszyklus vermehrt jedes Element seine Energie, indem es diese dem vorhergehenden wegnimmt:

- Holz nimmt Wasser auf.
- Feuer vernichtet Holz.
- Erde erstickt Feuer.
- Metall entzieht der Erde Mineralien.
- Wasser zerstört Metall.

Der Schädigungszyklus/Wu-Zyklus

Der Schädigungszyklus steht im Zeichen der Zerstörung. Hier dominiert der »Schützling« sein kontrollierendes Element:

- Holz macht Metall stumpf.
- Metall nimmt das Feuer auf.
- Feuer lässt Wasser verdampfen.
- Wasser überschwemmt die Erde.
- Die Erde zerstört das Holz.

Die Wirkung der fünf Elemente auf Tiere

Egal ob Hund, Katze oder Pferd, alle Kinder der Natur tragen sämtliche Wandlungsphasen in sich. Dabei demonstrieren sie je nach Lebensphase oder Konstitution eine besondere Affinität zu einem bestimmten Element, das ihre Disposition zu bestimmten Beschwerden, Stärken oder aber auch Schwächen prägt. Die Zuordnung zu einem der fünf Elemente kann während des Lebens (mehrmals) wechseln, aber auch konstant bleiben.

Welche Charaktereigenschaften zeichnen Ihren Vierbeiner aus? Beobachten Sie Ihren tierischen Mitbewohner, und notieren Sie am besten, welche Verhaltensweisen für ihn typisch sind. Sie lernen ihn hierdurch nicht nur noch besser kennen und verstehen, sondern können auch seine Gesundheit langfristig fördern.

Die Holzenergie steht für Lebendigkeit

Das Holz wird mit dem Kind verbunden und steht für den Frühling. Das ist die Zeit, in der zarte Knospen aus den Ästen sprießen und erste Blüten ihre Pracht präsentieren. Das Wachstum ist in vollem Gange, und die Natur erwacht aus ihrem Winterschlaf. Hier wird Platz für Neues geschaffen. Holz spendet die hierfür nötige kraftvolle Energie. Aus diesem Grund sind Tiere von diesem Typus besonders energiegeladen und zeichnen sich durch eine starke Dynamik aus. Die reichlich vorhandene Energie kann aber auch ins Negative umschlagen und zu ausgeprägter Aggression führen, die sich auch als Autoaggression äußern kann. Holztypen können sich auf geistiger und körperlicher Ebene nur schwer entspannen.

Tiere mit einem dominierenden Holz-Element nehmen die Führungsrolle in ihrem Rudel/ihrer Herde ein. Sie sind die geborenen Alpha-Tiere und auffallend selbstsicher. Manchmal kann das negativ in Form von Dominanzverhalten in Erscheinung treten. Ihre Lautäußerungen sind die lautesten im Rudel, und sie machen häufig davon Gebrauch.

Mit dem Element Holz werden neben Muskeln und Sehnen in ihrer Bewegungsfunktion auch Leber, Gallenblase, Augen und Kralle bzw. Huf assoziiert. Deshalb sind Hund, Katze oder Pferd, die diesem Typus entsprechen, häufig anfällig für plötzlich (= Klimafaktor Wind) auftretende Beschwerden dieser Organe. Sie neigen zu tränenden Augen, reagieren empfindlich auf Zugluft und tendieren zu Muskelverspannungen.

Die Feuerenergie verkörpert Freude

Das Feuer ist das einzige Element, dem vier Zang-Fu-Organe zugeordnet werden: Herz und Dünndarm sowie Perikard und Dreifacher Erwärmer. Sie werden mit der Adoleszenz verbunden und entsprechen dem Element Feuer. Die Energie des Feuers schenkt die Fähigkeit zur Begeisterung und Freude.

Tiere dieses Typus sind offen, sehr temperamentvoll, empathisch, äußerst begeisterungsfähig und stehen gern im Mittelpunkt. Sie sind von überschäumender Freude erfüllt. So begrüßen sie beispielsweise ihre Halter völlig überschwänglich, obwohl diese nur einige Minuten aus dem Haus waren. Generell sind Tiere mit Feuerenergie sehr hektisch.

Feuertypen bewegen sich von einem Extrem ins andere. Das Herz kontrolliert das Shen, weshalb es bei Störungen in diesem Funktionskreis schnell zu Ruhelosigkeit und Schlaflosigkeit, aber auch zu mangelnder Teilnahme an der Umgebung bis hin zu vollkommener Apathie kommen kann.

Die Feuerenergie wird mit den verschiedenen Stoffwechselfunktionen sowie dem Herz-Kreislauf-System in Verbindung gebracht. Bei einer Überbetonung überhitzt es Körper, Geist und auch die Seele. Die geliebten Vierbeiner neigen dann zu Entzündungen und Austrocknung. Darüber hinaus ist die Haut dieser Tiere häufig gerötet, was durch Fell und Hautpigmentierung manchmal nur an den Schleimhäuten von Mund und Auge erkennbar ist. Sie sind äußerst hitzeempfindlich und hecheln bzw. schwitzen dann sehr.

Die Erdenergie steht für innere Stabilität

Magen und Milz werden mit dem mittleren Lebensalter und dem Element Erde assoziiert, die mit dem Spätsommer verbunden ist. In dieser Zeit strotzt die Natur vor Fruchtbarkeit, Reichtum und Wärme. Die Ernte wird eingefahren, und der Sommer hat bereits seinen Höhepunkt erreicht. Im Spätsommer geht die Natur von der Yang-Phase in die Yin-Phase über – vom Licht ins Dunkle. Die Natur zehrt noch von den Kräften der Sonne und beginnt langsam mit ihrem Rückzug.

Das Erdelement, das für das Mütterliche, die Akzeptanz, das Nährende, Mitgefühl, Geben und Nehmen sowie für Harmonie steht, wird zudem mit Feuchtigkeit in Verbindung gebracht. Sie benötigt diese, um ihre fruchtbare Kraft entfalten zu können.

Innere Stabilität, Ausgeglichenheit und Fürsorglichkeit zeichnen die Erdtiere neben ihrem Familiensinn aus. Man kann sich immer auf sie verlassen. Sie besitzen ein freundliches und vertrauensvolles Wesen und würden ihr Leben für ihre Halter geben. Sie lernen relativ langsam, das ist der nachdenkliche Aspekt ihres Wesens. Doch was sie einmal erlernt haben, vergessen sie nicht. Bei Stress neigen sie zu Reaktionsblockaden und Stereotypien, wie zum Beispiel ständiges Lecken an sich oder Gegenständen, im Kreis laufen oder Head-Shaking. Ständiger Wohnortwechsel und ein Übermaß oder Mangel an Nahrung können das Erdelement schwächen. Die betroffenen Tiere reagieren bei Belastungen häufig mit Beschwerden im Magenmeridian sowie in Milz, Bauchspeicheldrüse und Bindegewebe – Systeme und Organe, die diesem Element zugeordnet sind. Tiere mit diesem Konstitutionstyp haben häufig mit Übergewicht und sogar Fettgeschwulsten zu kämpfen, da sie einerseits gern und viel fressen und andererseits ausgesprochen träge sind. Außerdem sind Verdauungsbeschwerden wie wässriger Durchfall keine Seltenheit. Gleiches gilt für Ödeme und Atemwegserkrankungen mit zähem Schleim. Feuchtigkeit und Nässe sollten sie meiden, da sich die gesundheitlichen Probleme hierdurch verstärken.

Die Metallenergie ist Synonym für Unnahbarkeit

Das Metall symbolisiert den gereiften Erwachsenen und den Herbst. Es ist eine Zeit des Übergangs. Die Natur bereitet sich auf ihren Schlaf vor und zieht sich zurück. Ähnlich verhält es sich mit Lebewesen dieses Elements. Sie sind häufig in sich gekehrt, weshalb sie von vielen als unnahbar betrachtet werden. Grund hierfür ist ihre Sensibilität und Verletzlichkeit.

Tiere mit Metallenergie gehen nicht offen auf andere Artgenossen oder auch Menschen zu. Sie wirken in sich gekehrt und sind auffallend scheu. Wie eine Beute, die im Herbst keinen Schutz mehr in der Pflanzenwelt vor Räubern findet, sondieren sie die Lage, bevor sie sich aus ihrem »Bau« bewegen. Ihre Sinneswahrnehmung ist entsprechend geschärft. Sie brauchen feste Strukturen und Regeln, die ihnen Sicherheit geben. Konsequenz lautet hier das Zauberwort.

Dem Element Metall sind Nasen- und -nebenhöhlen, Haut und Körperhaare, Dickdarm und Lunge zugeordnet. Dies spiegelt sich in der Anfälligkeit von Metalltieren wieder: Typischerweise schlagen sie sich oftmals mit Atemwegserkrankungen wie Asthma oder Bronchitis herum. Sie leiden häufig unter Infektionen der Nase und an Allergien sowie Verdauungsstörungen. Letztere äußern sich überwiegend in Verstopfung. Ihre Haut neigt zu Trockenheit. Trockene Luft bekommt ihnen nicht gut, weshalb sich die Beschwerden insbesondere während der Heizsaison intensivieren.

Die Wasserenergie ist Sinnbild für Ausdauer und Kraft

Dem Wasser werden der alte Mensch und der Winter zugeordnet. Zu dieser Jahreszeit sind die Tage kürzer und die Nächte dafür länger. Es herrscht meist bittere Kälte. Die Bäume haben ihre Blätter verloren, Gewässer sind teilweise zugefroren, und alles befindet sich im Winterschlaf. Die Natur ruht und lebt von ihren Energiereserven.

Wenn kein Wind herrscht, sind Seen ruhige Gewässer. So verhält es sich auch bei Lebewesen mit dem Konstitutionstyp Wasser, die stets einen Stimulus benötigen, um aktiv zu werden. Wenn die Gelegenheit günstig ist, beginnen sie zu handeln. Es sei denn, das nötige Urvertrauen fehlt. Dann sind wasserbetonte Tiere wie gelähmt und handlungsunfähig. In Aufruhr versetzt, kann Wasser Dämme brechen, ganze Landstriche überfluten und Naturkatastrophen verursachen. Die Kraft des Wassers schlägt dann ungebändigt um sich. Wasserbetonte Tiere sind unerschütterlich, bis sie ihr Ziel erreicht haben. Dies passiert, wenn der Urinstinkt des Wassertyps zu ausgeprägt ist. Dabei braucht es nicht immer Verwüstungen, um am Ziel anzukommen. Auch steter Tropfen höhlt bekanntlich den Stein. Diese Beharrlichkeit und ein tiefes Urvertrauen schlummern in Wassertypen. Dem gegenüber steht ihre Ängstlichkeit, die dann auftritt, wenn sie nicht gefördert werden. Tiere von diesem Typus können nahezu alles erlernen und sind stets aufmerksam. So sind beispielsweise Rettungshunde häufig mit dem Element Wasser assoziiert.

Da mit diesem Element neben den Organen Niere und Blase auch Knochen, Zähne und Ohren sowie deren Erbenergie verbunden sind, liegen genau dort ihre Schwachstellen. Sie leiden überwiegend an Nieren- und Blasenbeschwerden, Problemen der Wirbelsäule (meistens chronisch), Schwäche der Beine sowie Beschwerden der Geschlechtsorgane und des Gehörs. Darüber hinaus haben sie häufig Probleme mit Knochen und Zähnen. Nicht ohne Grund demonstrieren sie Kälteempfindlichkeit, denn äußere Kälte verstärkt die für sie typischen Beschwerden.

Welchem Typus entspricht Ihr Hund oder Ihre Katze?

Wie das Yin-und-Yang-Zeichen veranschaulicht, gibt es kein klares Schwarz oder Weiß, jedoch Tendenzen. Der nachfolgende Fragebogen gibt Ihnen Hinweise darauf, welche Eigenschaften bei Ihrem Tier überwiegen. Welcher Buchstabe überwiegt? Kreuzen Sie an, was zutrifft!

Ist Ihr Hund/Ihre Katze eher füllig und kräftig?	○	A
Sind Brustkorb und die Beine zart bzw. zierlich angelegt?	○	B und C
Ist Ihr Haustier athletisch und muskulös?	○	D
Ist Ihr Haustier drahtig und sehnig gebaut?	○	E
Bevorzugt Ihr Tier kühle oder kalte Liegeplätze und meidet warme?	○	B und C
Bevorzugt Ihr Tier warme Liegeplätze und meidet kalte?	○	D und E
Mag Ihr Tier Wasser und geht gern schwimmen?	○	C
Zieht sich Ihr Hund/Ihre Katze häufig zurück, lehnt Kontakt ab und verkriecht sich?	○	C
Meidet Ihr Tier Kontakt, aber ohne sich zu verkriechen?	○	B

Sucht Ihr Tier den Kontakt zu anderen Artgenossen?	O	E
Sucht Ihr Katze/Ihr Hund den Kontakt zu Ihnen?	O	A
Ist Ihr Tier sehr dominant und möchte das Ranghöchste sein?	O	D
Ist Ihre Katze/Ihr Hund sehr vorsichtig?	O	C
Sprüht Ihr Tier vor Energie?	O	D
Lernt Ihr Tier eher langsam?	O	A
Ist Ihr Tier lebhaft?	O	E
Ist Ihr Tier mutig?	O	D
Kann Ihr Tier schlecht mit Rhythmusänderungen, z. B. wechselnden Fütterungszeiten, umgehen?	O	B
Ist Ihr Tier sehr geräuschempfindlich und reagiert dann ängstlich?	O	C
Setzt Ihr Tier einmal Erlerntes äußerst zuverlässig um?	O	A
Ist Ihr Tier verspielt?	O	E
Schnarcht Ihr Haustier häufig?	O	B
Ist die Zunge auffallend dick?	O	A
Neigen Zunge und Maulschleimhaut zu Trockenheit?	O	B
Sind Zunge und Mundschleimhaut auffallend gerötet?	O	E
Sind Zunge und Mundschleimhaut auffallend blass?	O	C
Ist die Stimme (Bellen, Miauen oder Wiehern) auffallend laut?	O	D
Kommuniziert Ihr Tier sehr viel über seine Stimme?	O	E

Neigt Ihr Tier zu Ohrenerkrankungen?	○	C
Neigt Ihr Tier zu Augenerkrankungen?	○	D
Neigt Ihr Tier zu Hauterkrankungen?	○	B
Neigt Ihr Tier zu Erkrankungen der Lippen oder der Mundhöhle?	○	A

Auflösung

Welcher Typus hat in Hinblick auf Ihr Tier die Oberhand und bestimmt den Charakter?

Ergebnis A
Typus: Erde, Spätsommer, Milz
Ihr Tier hat ein freundliches Wesen und ist der verlässlichste Begleiter, den man sich wünschen kann.

Ergebnis B
Typus: Metall, Herbst, Lunge
Ihr Haustier hat jede Menge Disziplin und ist gleichermaßen sehr empfindsam.

Ergebnis C
Typus: Wasser, Winter, Niere
Auch wenn sie auf den ersten Blick vorsichtig und ängstlich wirken, geben sie nie auf.

Ergebnis D
Typus: Holz, Frühling, Leber
Tiere von diesem Typ sind leistungsbereit, mutig und der geborene Anführer.

Ergebnis E
Typus: Feuer, Sommer, Herz
Verspieltheit, Lebhaftigkeit und Impulsivität zeichnen diese Tiere aus.

Krankheiten in der TCVM

Nach Ansicht der Traditionellen Chinesischen Tiermedizin sind Erkrankungen die Folge eines gestörten Flusses der Lebensenergie Qi oder von Xue sowie ggf. einer Yin-Yang-Disharmonie. Diese Störungen sind in den Organen oder Meridianen lokalisiert. Die Art der Störung wird mithilfe von acht Leitkriterien diagnostiziert.

Als weitere Ursachen für Krankheiten betrachtet die TCVM innere und äußere Faktoren. Die inneren Faktoren beinhalten sämtliche Facetten der Gefühlswelt, und unter den äußeren Faktoren werden alle klimatischen Aspekte vereint. Jedem Klimafaktor wird dabei ein spezieller Konstitutionstyp zugeordnet, der anhand bestimmter Eigenschaften bzw. Krankheitsbilder identifizierbar ist. Darüber hinaus ist auch die Lebensweise entscheidend für die Gesundheit. Auch Tiere können einen ungünstigen Lebensstil leben, in dem sie sich zu wenig bewegen, schlechtes Futter erhalten und keinen festen Rhythmus haben.

Die acht Leitkriterien

Die acht Leitkriterien sind ein Hilfsmittel, um Erkrankungen im Sinne der TCVM einordnen zu können, und beinhalten vier gegensätzliche Paare: Außen und Innen, Fülle und Leere, Hitze und Kälte, Yin und Yang. Während die ersten sechs Leitkriterien in jeder Kombination auftreten können, also sowohl Außen mit

Hitze und Fülle als auch Außen mit Hitze und Leere usw., sind Yin und Yang als übergeordnete Kategorien zu verstehen.

Außen und Innen

»Außen« im Sinne der TCVM bedeutet, dass die Erkrankung eher im Meridian liegt oder ein exogener pathogener Faktor in den Körper eingedrungen ist. Erkrankungen, die mit »Außen« assoziiert werden, zeigen sich häufig durch Fieber mit Schüttelfrost (Zittern) und Abneigung gegen Hitze, Kälte, Wind oder Feuchtigkeit. Akute Lahmheiten und akute Infektionskrankheiten im Anfangsstadium fallen häufig in diese Kategorie. Die betroffenen Tiere zeigen in der Regel keine veränderten Organfunktionen, das heißt Kot und Urin sind unverändert, Symptome wie Erbrechen, Durchfall oder Husten kommen nicht vor.

Demgegenüber bedeutet »Innen«, dass die Erkrankung mindestens eines der Zang-/Fu-Organe betrifft. Das führt zu veränderten Organfunktionen, d.h. Kot- und Urinabsatz sind verändert und/oder das betroffene Tier zeigt Symptome wie Erbrechen, Husten, Verstopfung und viele mehr. Falls Fieber auftritt, ist dieses hoch. Es kommt keine Abneigung gegen äußere Klimafaktoren vor.

Fülle und Leere

Auch wenn wir »Fülle« eigentlich als etwas Positives betrachten, ist »Fülle« im Sinne der TCVM genauso schädlich wie »Leere«. Die betroffenen Tiere sind meist von kräftiger Statur und wirken auf den ersten Blick fit und agil. Häufig sind sie jedoch überaktiv und überreagieren in vielen Situationen. Ihr Puls ist kräftig und ihre Atmung tief. Falls Schmerzen auftreten, sind diese meistens krampfartig und stark und verschlimmern sich unter Druck auf die betroffene Region. Bei der Untersuchung zeigen die meisten Tiere starke Abwehrbewegungen.

Von »Leere« sind meist abgemagerte, kraftlose Tiere betroffen, die müde und apathisch wirken. Sie haben einen schwachen Puls und atmen flach. Schmerzen sind nicht stark ausgeprägt und bessern sich unter Druck.

Hitze und Kälte

Tiere mit »Hitze«-Symptomatik können Fieber haben, zeigen Abneigung gegen Wärme und suchen gezielt kalte Liegeplätze auf. Sie haben vermehrten Durst, trockenen Kot, konzentrierten und gelben Urin. Falls Nasenausfluss, Hustenauswurf, Durchfall oder Erbrechen auftritt, sind sie eher dick, zäh und stinkend. Der Puls ist schnell, und die Zunge und Schleimhäute sind rot.

»Kälte« äußert sich nicht nur mit Frieren und dem Aufsuchen warmer Liegeplätze. Die betroffenen Tiere haben wenig Durst, eher weichen Kot und unkonzentrierten klaren Urin. Falls Erbrechen, Durchfall oder Schleimbildung auftreten, sind sie eher dünnflüssig und wenig stinkend. Die Schleimhäute und die Zunge sind blass und feucht, der Puls ist langsam.

Yin-und-Yang-Störung

Wie bereits im einleitenden Teil beschrieben, sind Störungen im Gleichgewicht zwischen Yin und Yang eine mögliche Krankheitsursache. Mithilfe der acht Leitkriterien kann man sie erkennen und diagnostizieren. Erkrankungen, die mit Innen, Kälte und Mangel einhergehen, sind Yin-Störungen, während Yang-Erkrankungen mit Außen, Hitze und Fülle einhergehen. Erkrankungen, die nicht alle drei Faktoren einer Yin-und-Yang-Störung aufweisen, haben also eine andere Ursache.

Pathogene (schädigende) Faktoren

Innere Faktoren

Verdrängte, fehlende oder langfristig überbetonte Emotionen können das energetische Gleichgewicht auch beim Tier schwer ins Wanken bringen und damit einen negativen Einfluss auf das Befinden haben. Diese Störungen sind bei Tieren oft nur schwer zu erkennen, ein sehr typisches Beispiel tritt jedoch bei Pferden vom Holztyp häufig auf. Diese haben eine großen Bewegungsbedarf und benötigen ausreichend Platz um sich, um diesen auszuleben. Wird ein solches Pferd überwiegend in einer Box gehalten und erhält nur wenig Auslauf, wird es irgendwann mit Wut und Aggression reagieren.

Die chinesische Lehre geht von fünf elementaren Gefühlen aus: Wut/Zorn (Nu), Kummer/Traurigkeit (Bei), Freude (Xi), Schwermut/Sorge (Si) sowie Angst/Furcht (Kong).

Erfahrene TCM-Tierärztinnen und -ärzte sowie gute Beobachter und Beobachterinnen Ihres Haustieres können ein emotionales Ungleichgewicht an Körperhaltung, Gestik und Mimik ablesen.

Sind beispielsweise die Augen zusammengekniffen und die Lefzen angespannt, ist dies ein Ausdruck von Zorn und Wut. Ebenso zeugen ausladende und heftige Gesten von diesem Gemütszustand. Bei Furcht hingegen sind die Augen weit aufgerissen, die Nase ist leicht hochgezogen, und die Mundwinkel werden auseinandergezogen und die Ohren zurückgelegt. Die Haltung ist meist gebeugt, und die Gestik ist verhalten.

Doch welche Auswirkungen haben Gestik, Körperhaltung und Mimik auf die Gesundheit von Mensch und Tier?

Ein fröhliches Tier hat den Mund meist geöffnet, atmet laut (zumindest Hunde) bei freudiger Stimmung, die Nasenflügel sind geweitet und mehr Sauerstoff wird in die Lunge transportiert. Auch haben diese Tiere üblicherweise eine aufrechte Körperhaltung, wodurch der Brustkorb geweitet wird. In der Folge werden dort sitzende Organe in ihrem Raum nicht komprimiert und können ihre Funktionen ungehindert erfüllen.

Trauer drückt sich hingegen häufig in einer gekrümmten Körperhaltung aus, das engt die Organe ein, und sie werden bei der Erfüllung ihrer Aufgaben gestört. Die Atemtätigkeit ist verschlechtert, was sich direkt auf das der Trauer zugeordnete Organ, die Lunge, auswirkt. Da das Herz allen inneren Organen übergeordnet ist, sind sämtliche Empfindungen Ausdruck des Herzens. Insofern wirkt sich Trauer auch direkt auf das Herz aus.

Überbetonte Gefühle können auch durch andere physische Faktoren, wie etwa vegetative Funktionsstörungen, Muskelverspannungen und Schmerzen in Körperregionen, die mit dem Bezugsorgan in Verbindung stehen, wahrgenommen werden. Der Grund dafür ist, dass jedem elementaren Gefühl ein organischer Funktionskreis entspricht: Wut und Aggression manifestieren sich im Funktionskreis Leber. Kummer und Traurigkeit sind mit dem Funktionskreis Lunge assoziiert. Freude wird mit dem Herzen in Verbindung gebracht. Schwermut und Sorge (auch Tiere können sich um etwas sorgen) beeinflussen den Funktionskreis Milz. Angst und Furcht wirken auf die Nieren.

Äußere Faktoren

Wind, Feuchtigkeit/Nässe, Trockenheit, Wärme/Hitze und Kälte können von außen eindringen und den Organismus beeinträchtigen. Qi fungiert wie eine Art Schutzschild und wirkt schädlichen klimatischen Einflüssen entgegen. Sofern das Qi jedoch schwach ist oder der äußere Faktor zu stark, kann es keinen Schutz mehr gewährleisten. In der Folge gewinnt das Klima die Oberhand, und es entstehen Beschwerden und Erkrankungen. In der Regel manifestieren sich durch klimatische Faktoren hervorgerufene Erkrankungen an der Körperoberfläche und betreffen dann Haut, Muskeln, Sehnen oder Knochen. Bestehen sie über einen längeren Zeitraum, dringen sie jedoch nach innen und schädigen die inneren Organe.

Feuchtigkeit – Shi

Feuchtigkeit kann z. B. in Form von nassem Wetter, besonders wenn das Fell bis auf die Haut durchnässt wird und keine Möglichkeit zum Trocknen besteht, und über feuchte Räume und Stallungen dem Organismus schaden. Feuchtigkeit zeichnet sich durch Langsamkeit sowie Schwere aus und wird mit Yin und dem Spätsommer assoziiert. Erkrankungen, die mit Feuchtigkeit einhergehen, kommen langsam und sind nur schwer und langsam hinter sich zu lassen. Sie beeinträchtigt vor allem untere Körperregionen und wird mit dem Magen-Milz-Funktionskreis (→ Seite 35 ff.) verbunden. Entsprechend verursacht übermäßige Feuchtigkeit Beschwerden und Erkrankungen, die mit diesen Meridianen in Verbindung gebracht werden. Beispiele sind Verdauungsstörungen, Magenprobleme, übermäßige Ausflüsse aus Nase, Bronchien, Ohren und Augen, Harnwegsinfektionen, Müdigkeit, Ödeme oder nässende Ekzeme. Auch dumpfe, fest lokalisierte Schmerzen und ein Schweregefühl im Körper weisen auf pathogene Feuchtigkeit hin.

Trockenheit – Zao

Der Gegenspieler der Feuchtigkeit ist die Trockenheit. Besonders im Winter, verursacht durch die trockene Heizungsluft in unseren Häusern, können durch Trockenheit bedingte Erkrankungen auftreten. Sie besitzt Yang-Qualität, und ihr entsprechen der Herbst, die Trauer sowie die Meridiane der Lunge und des Dickdarms (→ Seite 30 ff.).

Zu den typischen Trockenheitserkrankungen und -beschwerden zählen trockener Husten, trockener Hals, trockenes und glanzloses Fell, trockene Lippen, trockene und rissige Haut sowie Nasenbluten. Aber auch Dehydration, trockene Schleimhäute und harter Stuhl weisen auf den Einfluss von schädlicher Trockenheit hin. Darüber hinaus treten nicht selten Kreislaufstörungen, Verdauungsbeschwerden, Magenprobleme oder Asthma auf.

Wind – Feng

Mit Wind assoziierte Beschwerden und Erkrankungen treten plötzlich und völlig unvermittelt auf. Der Wind zählt zu den Yang-Phänomenen, wird mit dem Frühling, den Emotionen Zorn und Wut sowie dem Funktionskreis Leber-Galle in Verbindung gebracht. Die Leitbahnen ziehen sich entlang der Seitenpartien des Körpers. Die Symptomatik setzt rasch ein und wandert. Ein Beispiel hierfür sind Schübe von rheumatischen Gelenkschmerzen. Darüber hinaus sind Husten, Fieber, Niesen, laufende Nase, Nackenschmerzen, Kopfschmerz und Krämpfe typische Wind-Symptome.

Der Wind kann auch in Kombination mit Kälte oder Hitze auftreten. Besonders ist die Tatsache, dass es neben dem äußeren klimatischen Faktor Wind wie zum Beispiel Zugluft, Luftdruckschwankungen oder allgemeinen mit ihm verbundenen Wetterphänomenen auch einen sogenannten inneren Wind gibt. Dieser wird in Nieren und Leber gebildet. Charakteristisch für ihn sind Sehstörungen, steife Muskeln oder Gelenke, Bewusstlosigkeit und Schwäche.

Wärme – Re, Hitze – Huo

Die beiden Yang-Phänomene Wärme und Hitze zeichnen sich durch ihre warmen, heißen und aktiven Eigenschaften aus. Im chinesischen Entsprechungssystem gehören der Sommer sowie der Funktionskreis des Herzens und des Dünndarms (→ Seite 40ff.) zu ihnen. Wie die Sonne den Erdboden und die Pflanzenwelt bei übermäßiger Präsenz austrocknet oder verbrennt, können die beiden Wärme- und Hitze-Faktoren im Körper Ähnliches anrichten. Sie bewirken unter anderem Überhitzung des Körpers (z. B. Hitzschlag), Fieber, raschen oberflächlichen Puls, Palpitationen sowie Austrocknung, die sich z. B. in Durstgefühl, Mundtrockenheit, Verstopfung, dunklem Urin oder Kopfschmerz bemerkbar macht.

Vermengen sich Wärme/Hitze mit Feuchtigkeit, verursacht dies Erbrechen, Darmkrämpfe und Schmerzen im Abdomen.

Typische Beschwerden und Krankheitsbilder sind entzündliche Erkrankungen, Herz-Kreislauf-Erkrankungen, Schlafstörungen, Sonnenbrand, Fieber und Hautausschläge – sowie hoher Blutdruck und Übergewicht.

Kälte – Han

Die Kälte besitzt Yin-Qualität, wird mit dem Winter verknüpft, und ihr entspricht auf emotionaler Ebene die Angst. Darüber hinaus steht sie mit dem Nieren- und Blasenmeridian (→ Seite 43 ff.) in Verbindung, die beide in der Innenseite der Füße und Beine sowie in der Nackenregion und im Rückenbereich verlaufen. Entsprechend liegt in diesen Körperarealen das pathogene Einflussgebiet der Kälte. Kälte wirkt zusammenziehend und behindert so den Qi- und Blut-(Xue)-Fluss. In der Folge kann es zu Krämpfen oder Gliedersteife kommen.

Niedriger Blutdruck, Fruchtbarkeitsstörungen, Blasenentzündung, Nieren- und Nierenbeckenentzündung, Lungenkrankheiten und Magenkrämpfe sind häufige Kältekrankheiten.

Häufige Symptome und ihre Ursachen in der TCVM

Die TCVM ist ein äußerst komplexes System. Erst wenn man alle Details einer Erkrankung (Symptome, Funktionskreise, Leitkriterien) ausreichend bedacht hat, ist es möglich, eine ursächliche Diagnose zu finden. Wenn ein Hund oder eine Katze hustet, liegt die Krankheitsursache somit nicht unbedingt in den Atmungsorganen, sondern kann ebenso gut durch Milz-Pankreas-Qi-Leere, Nieren-Qi-Leere oder stagnierendes Leber-Qi verursacht werden. Die ursächliche Diagnose wiederum ist wichtig, um die geeigneten Akupunkturpunkte, Futtermittel und Heilkräuter für eine Therapie auszuwählen. Die Vielzahl der möglichen ursächlichen Diagnosen wirkt häufig verwirrend, wenn man erst beginnt, sich mit der TCVM zu beschäftigen. Um den Einstieg zu erleichtern, sind in der folgenden Tabelle häufig vorkommende Symptome von Hunden und Katzen mit ihren wichtigsten Ursachen aufgelistet.

Symptom	Mögliche Ursache
Husten	Lungen-Yin-Leere Lungen-Qi-Leere Milz-Pankreas-Qi-Leere Stagnierendes Leber-Qi Nieren-Qi-Leere
Erbrechen	Hitze- oder Kälte-Invasion Nahrungsretention im Magen Leber überwältigt den Magen Magen-Feuer Magen-Qi-Leere Magen-Yin-Leere
Durchfall	Kälte + Feuchtigkeit dringen in Milz/Pankreas ein – Hitze + Feuchtigkeit dringen in Milz/Pankreas ein Nahrungsanschoppung Leber überwältigt Milz/Pankreas Milz/Pankreas-Qi-Leere Nieren- und Milz/Pankreas-Yang-Leere
Verstopfung	Chronische innere Hitze-Faktoren Leber-Qi-Stagnation Qi-Leere Xue-Leere
Bauchschmerzen	Kälte in den Därmen Nahrungsanschoppung in den Därmen Leber-Qi-Stagnation Xue-Stagnation Feuchte Hitze in den Därmen Feuchte Hitze in Leber und Gallenblase Qi-Leere in den Därmen

Die Bedeutung der Organuhr für unsere Vierbeiner

Die Organuhr des Menschen lässt sich wie die gesamte Lehre der TCM auf Tiere übertragen, wenngleich die Meinungen hierüber gespalten sind. Grund für diese Uneinigkeit ist, dass einige Tiere einen anderen Rhythmus als der Mensch haben. Jedoch passen sich Haustiere dem Menschen an. Sie schlafen nachts und sind tagsüber wach – zugegebenermaßen legen sie hier und da ein ausgedehntes Nickerchen ein. Dennoch folgen ihre Leitbahnen einem festen Takt, dieser Takt ist von der Natur gegeben und beschränkt sich nicht auf den Homo sapiens.

Ebenso wie Menschen sind Tiere Teil der kosmischen Abläufe und der damit einhergehenden Gesetzmäßigkeiten. So halten Bären regelmäßig Winterschlaf, der Fellwechsel von Hund und Katze unterliegt ebenfalls den Jahreszeiten, im Herbst ziehen einige Vogelarten in Richtung Süden, die Zuckmücken-Arten der Gattung Clunio regeln ihre Fortpflanzung nach den Mondperioden usw. Das Ganze lässt sich auch weiter auf die Tages- und Nachtzeiten herunterbrechen: Marder sind nachts auf Raubzug, und der Hahn kräht früh am Morgen.

Alle Lebewesen richten ihr Dasein nach den Himmelsgestirnen aus, und sie sind der Begrenzung ihres ureigenen Lebenszyklus unterworfen. Die damit in Verbindung stehenden Koordinaten lassen sich zwar verschieben, aber nicht gänzlich aufheben. Eine andauernde Verschiebung bringt den Organismus massiv ins Wanken, und die Folge sind Beschwerden sowie Erkrankungen.

Der Biorhythmus lenkt den Stoffwechsel

Der Biorhythmus hält das Zepter in der Hand: Er regiert den Organismus und damit die gesamte Palette an Stoffwechselvorgängen. Aus der Schulmedizin wissen wir, dass der Biorhythmus unserer Tiere, ebenso wie unser eigener, durch das Hormon Melatonin gesteuert wird. Dieses wird während der Dämmerung vermehrt ausgeschüttet und ist verantwortlich für Ruhe- und Aktivitätsphasen.

In den Ruhephasen fällt die Körpertemperatur, das Herz schlägt langsamer, die Reaktionszeit sinkt. Der Organismus unserer Tiere erscheint während dieser Phasen schlicht und ergreifend nicht so leistungsfähig wie in den Aktivitätsphasen. Aber eigentlich konzentriert sich der Organismus während der Ruhevorgänge nur auf andere Aufgaben, wie zum Beispiel auf die Verdauung. Außerdem verarbeitet das Unterbewusstsein während der Ruhephasen die Eindrücke des Tages. Fast jeder Besitzer hat schon erlebt, wie das geliebte Haustier tief schläft und im Traum läuft oder gar bellt, miaut oder wiehert.

Das Verständnis vom Biorhythmus in der TCM und TCVM geht jedoch weit über die schulmedizinische Definition hinaus. Dort wird nicht nur zwischen Ruhe- und Aktivitätsphasen des kompletten Organismus unterschieden, sondern jedem Organ und dem dazugehörigen Meridian werden spezifische Aktivitäts- und Ruhephasen zugeordnet, die als Organuhr bezeichnet werden.

Richtiger Rhythmus bedeutet Gesundheit

Die obigen Schilderungen belegen, wie wichtig es ist, sich an einen festen Rhythmus zu halten. Nur so können Körper, Geist und Seele im Gleichgewicht bleiben. Das hat weniger mit Esoterik als mit Biologie und damit mit dem Stoffwechsel und den Organfunktionen zu tun.

Achten Sie also darauf, dass Sie Ihrem Haustier einen geregelten Tagesablauf ermöglichen: Das beginnt bei der morgendlichen Futtergabe über Rituale wie Spielen und Ruhephasen bis hin zum Gassi-Gang oder Ausritt.

Spätestens wenn gesundheitliche Probleme auftreten, heißt es Flagge zeigen und diszipliniert einem festen Regime zu folgen, das den natürlichen Rhythmus berücksichtigt und der jahrtausendealten Organuhr folgt. Sie ist ein hilfreiches Instrument für jegliche Struktur, da sie sich nicht davon abbringen lässt, dem zweistündigen Rhythmus der Energien zu folgen.

Wenn Sie diese Zeiten beachten und die Aktivitätsströme nutzen, leisten Sie einen großen Beitrag zur Gesundheit und zum Wohlbefinden Ihres geliebten Vierbeiners. Interessant ist, dass dies nicht nur dem Konzept der TCM gerecht wird, sondern auch wissenschaftlichen Erkenntnissen, die sich dem 24-Stunden-Rhythmus des Organismus widmen.

Der Spaziergang mit der Wohnungskatze

Katzen, die in der Wohnung gehalten werden, sollte man auch regelmäßig Auslauf gönnen. Stellen Sie sich vor, Sie wären auf ewig in vier Wänden gefangen (denken Sie nur an den Lockdown, wie nervenaufreibend das war) - großer Katzenbaum, Spieleinheiten und Balkon hin oder her. Auch Wohnungskatzen müssen die Natur erleben dürfen. Es gibt im Handel ausbruchsichere Geschirre, die man ihnen für einen Spaziergang in der Natur anlegen kann. Vielleicht werden einen die Nachbarn dann bei den ersten Ausflügen mit verwundertem Blick ansehen, und die Katzen bewegen sich nur in geduckter Haltung fort, aber am Ende lohnt es sich. Sie brauchen die Natur, weil sie ein Teil von ihr sind, und müssen an Pflanzen schnüffeln dürfen. Gönnen Sie das Ihrer Fellnase. Wenn die Tiere zu Beginn ängstlich sind, ist das völlig normal. Aber das legt sich mit der Zeit. Und irgendwann laufen sie auf einen zu, wenn man das Geschirr mitsamt der Leine in die Hand nimmt. Selbst scheue und ängstliche Tiere wissen das auf kurz oder lang zu schätzen. Sie werden sehen, wie positiv sich Ihr Tier verändert. Sie werden selbstbewusster und zufriedener. Insbesondere wenn Ihre Katze in Wäschekörbe oder in Ecken pinkelt, ist der Ausgang eine wirksame Therapie. Auch das legt sich dann mit der Zeit, wenngleich nicht sofort. Spätestens wenn sie sich im Gras wälzt, wissen Sie, dass es die richtige Maßnahme ist.

Die Geschichte der Organuhr

Der Daoismus hat China wesentlich neben dem Konfuzianismus und dem Buddhismus geprägt. Ersterer hat wie zu Anfang des Buches beschrieben seine Wurzeln im 4. Jahrhundert n. Chr.

Die darin eingebettete daoistische Anschauung strebte nach dem Bild der kosmischen Ordnung. Das Schicksal der Lebewesen ist folglich abhängig von allen Prozessen zwischen Himmel und Erde.

Sofern dieses Konstrukt gestört wird, kommt es zu Krankheit und sogar Tod. Insofern gilt es, alles zu tun, um sich an die Himmelsgestirne und damit den natürlichen Abläufen der Natur auf der Erde anzugleichen. Entsprechend wurden die Himmelsgestirne und deren Wirkungsweisen analysiert. Hieraus geboren wurde die Theorie der fünf Wandlungsphasen, die astrologische und astronomische Erkenntnisse beherbergen und im Buch der Wandlungen niedergeschrieben wurden.

In früheren Zeiten war man dem Glauben verhaftet, dass sie sogar die Herrscherdynastie anzeigen würden. Dies zeigt, welche Bedeutung diese Schrift für sich beanspruchte.

Schließlich sollte aus diesem Konstrukt, das aus intensiven Beobachtungen geboren wurde, mit der Orakelkunst der aus dem I-Ging (Buch der Wandlungen) und den ebenfalls hierauf rekrutierenden fünf Wandlungsphasen (fünf Elementen), den astronomischen und astrologischen Beobachtungen (beides war übrigens auch im Westen noch zu Zeiten der Renaissance untrennbar vereint) sowie den medizinischen Erkenntnissen eins werden.

Yin & Yang und das Buch der Wandlungen

Die Prinzipien der damals noch nicht existenten Yin und Yang traten erstmals in einer Sammlung von Strichzeichen und zugehörigen Sprüchen, dem *Hsi-tz'u* des I-Ging, dem Buch der Wandlungen (11. Jahrhundert v. Chr.), auf. In ihm ist die reifste Weisheit von Jahrtausenden enthalten.

Dabei symbolisiert die durchzogene Linie das Yang (–), und die unterbrochene Linie verkörpert das Yin (--). Mittels der beiden unterschiedlichen Linien lassen sich vier Konfigurationen erstellen.

Die vier möglichen Konfigurationen des Yin & Yang

Auf diese Weise wird das Gesamtsystem viergeteilt und gewinnt an Komplexität. Helmut Wilhelm bezieht sich in seinem Werk *Sinn des I Ging* (Düsseldorf/Köln 1972) auf die Deutung der vier Konfigurationen von Shao Yong (1011–1077). Der Philosoph ist der Auffassung, dass der unterste Strich jeweils das große Yang, das kleine Yin, das kleine Yang sowie das große Yin beschreibt.

Sofern man jedem »Bild« eine dritte Linie hinzufügt, ergeben sich acht Trigramme des Gesamtsystems. Sie versinnbildlichen sämtliche kosmischen und menschlichen Situationen.

Die Trigramme repräsentieren Himmel, Erde, Donner und Wasser. Ebenso stehen sie für eine Familie mit Vater, Mutter, drei Söhnen und drei Töchtern. Zusätzlich wurden sie mit den Himmelsrichtungen und den Jahreszeiten kombiniert. Gelesen werden sie stets von unten nach oben.

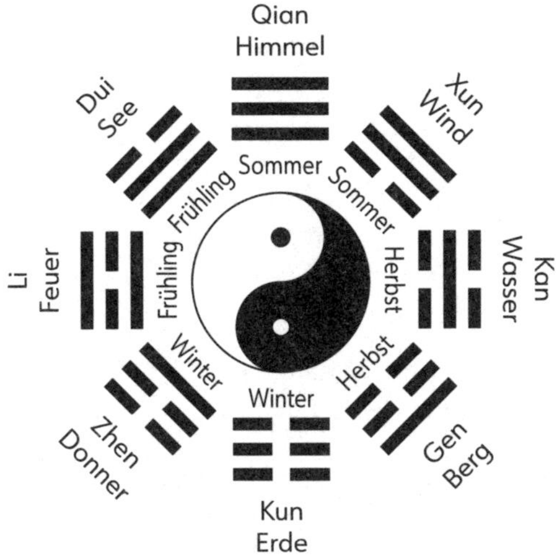

Die Achtteilung des Gesamtsystems und ihre Entsprechungen: Zyklische Wiederkehr und stetiger Wandel wurden bereits in den abstrakten Darstellungen des Buches der Wandlungen (I Ging) verbildlicht.

Der **Himmel** besteht zum Beispiel aus drei Yang-Linien. Dieses Trigramm verfügt über die größte Menge an Energie und symbolisiert schöpferische Kraft und den Kopf.

Der Gegenspieler des Himmels ist die **Erde**. Gebildet wird sie aus drei Yin-Linien und versinnbildlicht Vertrauen, Hingabe und das Empfangende.

Der **Berg** wird von zwei Yin-Linien gezeichnet, die wiederum von einer Yang-Linie bekrönt werden. Er steht für Wissensgenerierung und die Anhäufung von Materie. Darüber hinaus verkörpert er die Meditation.

Das **Feuer** besteht aus einer Yin-Linie, die von jeweils einer Yang-Linie umgeben wird. Dabei symbolisieren die Yang-Linien das Licht. Wiederum steht die Yin-Linie für die Materie, die nötig ist, damit das Feuer brennen kann. Das Feuer beinhaltet Intelligenz, Leidenschaft und Verletzung.

Das **Wasser** ist der polare Gegenspieler des Feuers. Es wird mittels jeweils einer Yin-Linie am Rand und einer Yang-Linie abgebildet. Während das Feuer für die Augen steht, wird das Wasser den Augen zugeordnet. Es repräsentiert somit das Hören, die Emotionalität. Bei Widerständen staut sich das Wasser, bis es diese überwinden kann.

Zeitrechnung im Zeichen des Kaisers

Die Bevölkerung Chinas orientierte sich bis 1912 an dem alten Kalender des Kaiserreichs. Erst im Zuge der Gründung der Republik China gewann der Gregorianische Kalender an Bedeutung. Eingeführt wurde das chinesische Kalendersystem der Legende nach durch Kaiser Huang Di im Jahre 2636 v. Chr. Diverse Funde lassen eine Datierung bis ins 14. Jahrhundert zu.

Dahingegen orientiert sich der lunisolare Kalender (lat. luna = Mond, lat. sol = Sonne) an den Gestirnen Sonne und Mond. Dabei werden, wie der Name verrät, die Bewegungen der Sonne und des Mondes berücksichtigt. Auch heute noch richten sich im Westen die Festtage danach. Komplexe astrologische Berechnungen stellen das Fundament für diesen Kalender dar. Sie basieren auf exakten astronomischen Positionen des Mondes und der Sonne.

Himmelsstämme und Erdenzweige

Den Beginn des chinesischen Jahres markiert der zweite Neumond nach der Wintersonnwende. Aus diesem Grund wird in China das Neujahr nicht wie im Abendland, also bei uns, am 01. Januar, sondern zwischen dem 21. Januar und dem 21. Februar gefeiert. Grundlage für die Berechnung des Neujahres stellen dabei nicht die Sternenkonstellationen, sondern die zwölf Erdenzweige dar. Sie herrschen jeweils mit den zehn Himmelsstämmen sowie Yin und Yang.

Entsprechend erfolgen Zeitangaben nicht nach Jahr, Monat, Tag und Stunde. Vielmehr sind das wiederkehrende rhythmische Muster beziehungsweise zyklische Zeichen ausschlaggebend. Dabei wird die Zeichenreihe der Himmelsstämme mit jener der zwölf Erdenzweige kombiniert, beide verkörpern den Rhythmus der Zeit. Neben der Zählung werden sie auch zur Deutung von Ereignissen gebraucht.

Die zehn Himmelsstämme

Im Chinesischen heißen die zehn Himmelsstämme 天干, Pinyin tiāngān oder 十干, shígān. In alten Zeiten fanden sie Gebrauch für die Erscheinung von Himmelsbildern. Ein Element wird dabei von je zwei Himmelsstämmen verkörpert. Sie beherbergen damit sowohl den Yin- als auch den Yang-Aspekt eines Elements. Bei beiden ist jeweils der Konterpart angelegt. Somit symbolisieren sie in ihrer Summe zehn unterschiedliche Energiezustände, und jedes Jahr besteht aus zehn Himmelsstämmen.

Die zwölf Erdenzweige

Das ehrwürdige chinesische Nummerierungssystem wird in China 地支, Pinyin dìzhī, genannt. Die Erdenzweige haben ihre Namen den zwölf chinesischen Tierkreiszeichen zu verdanken. Yin und Yang spielen dabei natürlich als Basis der Chinesischen Lehre eine große Rolle und finden dort ihre Entsprechungen. Sie stehen sowohl für jeweils eine Doppelstunde des Tages als auch für die einzelnen Jahre. Das Ganze in einem Zwölfer-Zyklus. Damit nicht genug: Sie symbolisieren zudem eine Himmelsrichtung. Die Erdenzweige beeinflussen klimatische Vorgänge und damit das Wetter. Dieses spielt eine große Rolle, da es die Beschaffenheit der Umgebung ausmacht. Sie beeinflusst das Gemüt, die Konstitution und somit die fünf Säulen der TCM. Es gilt, sie bei der Therapie (unter anderem bei der Ernährung, → Seite 104 ff.) stets zu beachten. Die Tabelle auf Seite 99 zeigt die Doppelstunden sowie deren Bezug zu den Erdenzweigen.

60 Jahre machen einen Zyklus aus

Der 60-Jahre-Zyklus der Lehre der TCM ergibt sich durch die Kombination aus den zehn Himmelsstämmen mit den zwölf Erdenzweigen. Dabei markiert das »Jahr der Ratte« stets den Beginn eines jeden Zeitkreises, der alle zwölf Jahre von Neuem startet. Darüber hinaus wird den Erdenzweigen jedes Jahr eines der fünf Elemente (Wandlungsphasen) zur Seite gestellt. So stand das Jahr 2021 im Zeichen des »Metall-Büffels«, und 2022 ist das Jahr des »Wasser-Tigers«, der 1962 das letzte Mal regierte. Letzterer steht für gute Lernfähigkeit und ein ausgeprägtes Selbstwertgefühl.

Die erste der zwölf Doppelstunden eines Tages beginnt um 23:00 Uhr. Dabei werden die Doppelstunden mit den zwölf Erdenzweigen assoziiert, die wiederum in Verbindung mit einem Organ stehen. Folglich beruht die paarweise Anordnung der Meridiane und Organe sowie deren Aufteilung in einen 24-Stunden-Rhythmus auf der astronomischen Lehre der Chinesen.

In der TCM geht man davon aus, dass die jeweils regierenden Erdenzweige sowie die entsprechenden Himmelsstämme die Natur und ihre Kinder sowie alle Ereignisse auf unserem Planeten beeinflussen. Dabei überlappen sich die einzelnen Zyklen und die mit ihren assoziierten Eigenschaften. So besteht eine enge Verbindung zwischen den zehn Himmelsstämmen, den Erdenzweigen, dem Jahreszyklus der fünf Elemente, dem Monatszyklus der zwölf Tierkreiszeichen, Yin und Yang, den Funktionskreisen usw. Alle Phänomene unterliegen ein und demselben System. Entsprechend lässt sich jeder Moment auf diese Phänomene und damit bestimmte Eigenschaften beziehen.

Pinyin-Name der Erden-zweige	Zwölf Tierkreis-zeichen	Monat	Jahreszeit	Tageszeit	Außen-faktoren
zi	Ratte	Januar	Winter	23–1 Uhr	Hitze
chou	Büffel	Februar	Winter	1–3 Uhr	Feuchtigkeit
yin	Tiger	März	Frühling	3–5 Uhr	Feuer
mao	Hase	April	Frühling	5–7 Uhr	Trockenheit
chen	Drache	Mai	Frühling	7–9 Uhr	Kälte
si	Schlange	Juni	Sommer	9–11 Uhr	Wind
wu	Pferd	Juli	Sommer	11–13 Uhr	Hitze
wei	Ziege	August	Sommer	13–15 Uhr	Feuchtigkeit
shen	Affe	September	Herbst	15–17 Uhr	Feuer
you	Hahn	Oktober	Herbst	17–19 Uhr	Trockenheit
xu	Hund	November	Herbst	19–21 Uhr	Kälte
hai	Schwein	Dezember	Winter	21–23 Uhr	Wind

Der Zweistundenrhythmus der Organe

Die Lebensenergie Qi zirkuliert stetig im Körper. Dabei fließt das Qi im 24-Stunden-Rhythmus für eine Dauer von jeweils zwei Stunden besonders intensiv durch einen bestimmten Meridian und durch das ihm zugeordnete Organ. Die sogenannte Organuhr bildet dieses Phänomen ab und besteht entsprechend aus zwölf Doppelstundeneinheiten, die jeweils die Hochphase eines bestimmten Organs sowie die Ruhephase eines anderen spezifischen Organs angeben. Sofern Organe eine Störung aufweisen, verstärken sich die Beschwerden während der Maximalzeiten (→ Symptome für Disharmonien der verschiedenen Meridiane bzw. Organe, Seite 31 ff.). Aus diesem Grund ist die Organuhr ein weiterer Baustein zur Diagnosestellung im Sinne der TCVM. Hustet Ihr Haustier besonders am Nachmittag zwischen 15 und 17 Uhr, wird am ehesten eine Lungen-Qi-Leere die Ursache sein, während bei Husten am Morgen zwischen 5 und 7 Uhr eher an eine Nieren-Qi-Leere zu denken ist.

Zusätzlich empfiehlt es sich, therapeutische Maßnahmen während der Hochphase eines Organs durchzuführen. So ist beispielsweise der günstigste Zeitpunkt für eine Akupressur zur Stärkung der Lunge zwischen 15.00 und 17.00 Uhr.

Während der Ruhephasen fließt das Qi nur schwach durch die jeweilige Leitbahn und das ihr entsprechende Organ. Therapeutische Maßnahmen entfalten deshalb während der Ruhephase eine geringere Heilwirkung.

Tageszeit	Erdenzweig	Tierkreiszeichen	Meridian Hochphase	Meridian Ruhephase	Yin/Yang
23–1 Uhr	zi	Ratte	Gallenblase	Herz	Yang
1–3 Uhr	chou	Büffel	Leber	Dünndarm	Yin
3–5 Uhr	yin	Tiger	Lunge	Harnblase	Yin
5–7 Uhr	mao	Hase	Dickdarm	Niere	Yang
7–9 Uhr	chen	Drache	Magen	Perikard	Yang
9–11 Uhr	si	Schlange	Milz	Dreifacher Erwärmer	Yin
11–13 Uhr	wu	Pferd	Herz	Gallenblase	Yin
13–15 Uhr	wei	Schaf	Dünndarm	Leber	Yang
15–17 Uhr	shen	Affe	Harnblase	Lunge	Yang
17–19 Uhr	you	Hahn	Niere	Dickdarm	Yin
19–21 Uhr	xu	Hund	Perikard	Magen	Yin
21–23 Uhr	hai	Schwein	Dreifacher Erwärmer	Milz	Yang

* Im Sommer müssen die genannten Zeiten um jeweils eine Stunde angepasst werden.

Betrachtet man die Meridianverläufe und ihre Reihenfolge, z. B. Lunge-Dickdarm-Magen-Milz/Pankreas, in der Organuhr genauer, fällt auf, dass das Qi vier Meridiane benötigt, um einmal durch alle Extremitäten zu zirkulieren: die Vordergliedmaße hinab (Lunge), wieder hinauf (Dickdarm), über Kopf und Rumpf zur Hintergliedmaße (Magen) und wieder zurück (Milz). Das Gleiche gilt ebenso für die Kombination Herz-Dünndarm-Blase-Niere und Perikard-Dreifacher-Erwärmer-Gallenblase-Leber. Dieser Weg des Qi entlang der Gliedmaße ist der Grund, weshalb jeweils vier Meridiane als zusammengehörig angesehen und als »Umlauf« bezeichnet werden (→ auch »Die zwölf Hauptmeridiane, Seite 29 ff.). Diese vier Organe bzw. Meridiane bilden jeweils eine zusammenhängende Einheit. Sie haben einen starken Einfluss aufeinander, den man therapeutisch nutzen kann.

PRAKTISCHE ANWENDUNGEN FÜR IHR HAUSTIER

Die Organuhr in der Praxis für Hund und Katze

Jede Beschwerde oder Krankheit entspringt einem Qi-Ungleichgewicht in einem bestimmten Funktionskreis, das sich durch unterschiedliche Faktoren und Kombinationen von Übermaß, Fülle, Leere und Stagnation unterschiedlicher Parameter ergeben kann. Das Ganze verästelt sich allerdings weiter in ein sehr komplexes Geflecht, das sich nur nach intensivem Studium der TCM nachvollziehen lässt. Um ein erstes Verständnis für die Lehre der TCM zu bekommen, reicht die Erkenntnis über die grundlegenden Zusammenhänge jedoch vollkommen aus.

Zur Behandlung von Störungen des Qi und damit von Beschwerden und Erkrankungen bedient sich die TCM an fünf Säulen. Keine davon wird separiert, sondern immer im Zusammenspiel aller angewendet. Nur so wird dem ganzheitlichen Konzept Rechnung getragen. Es reicht also nicht, lediglich die Ernährung umzustellen oder Kräutermedizin zu verabreichen. Alle Anwendungen ergänzen sich und bilden gemeinsam ein großes Ganzes, das letztlich im Optimalfall der Gesundheitspflege oder gar der Linderung beziehungsweise Heilung von Beschwerden und Erkrankungen dient. Zu den fünf Säulen zählen die Ernährung nach den fünf Elementen, die Kräuterheilkunde, Qi Gong, Akupunktur sowie die Massagetechniken Akupressur und Tuina Anmo.

Im Folgenden werden Ihnen die einzelnen Therapien der TCM und deren Konzepte sowie deren Anwendung bei häufigen Beschwerden und Erkrankungen vorgestellt.

Fütterung nach den fünf Elementen

Die Ernährung spielt eine wichtige Rolle für Wohlbefinden und Gesundheit – bei Tieren ebenso wie bei Menschen. Während die westliche Medizin Futtermittel als Lieferanten für verschiedene Nährstoffe betrachtet und darauf basierend je nach Beschwerdebild spezifische Diäten vorschlägt, betrachtet die TCVM Fütterung aus einem anderen Blickwinkel. Dort lautet die zentrale Frage: »Welche energetischen Eigenschaften müssen dem Körper über die Ernährung zugeführt werden, um das Qi in Balance zu halten oder zu bringen?«

Außerdem besitzen zahlreiche Nahrungsmittel spezifische Wirkeigenschaften, die den Selbstheilungsprozess bei verschiedenen Beschwerden und Erkrankungen anregen. So regt zum Beispiel Hafer den Appetit an.

So wie das Wechselspiel von Yin und Yang alle Lebewesen, die Erde und den Kosmos durchdringt, stellt eine ideale Mahlzeit eine ausgewogene Mischung aus Yin- und Yang-Elementen dar und beinhaltet Zutaten aus allen fünf Elementen (→ Seite 63 ff.), Geschmacksrichtungen und thermischen Qualitäten.

Sie zeichnet sich unter anderem durch geschmackliche (bitter, süß, scharf und salzig), thermische (kalt, kühl, neutral, warm und heiß) sowie optische Gegensätze aus. Beispielsweise werden weiche Konsistenzen mit festen, scharfe Lebensmittel mit milden, heiße mit kühlen und dunkle mit hellen kombiniert und serviert. Das gilt nicht nur für den Menschen. Auch bei Tieren wird dies in der TCVM empfohlen. Auf diese Weise werden alle Funktionsbereiche genährt, und die Organfunktion bleibt im Gleichgewicht.

Darüber hinaus sind auch die äußeren Umstände der Fütterung von großer Bedeutung. Eine laute Geräuschkulisse während des Essens beeinflusst die Verdauung ungünstig. Ihre tierischen Freunde sollten in einer ruhigen und angenehmen Atmosphäre gefüttert werden. Regelmäßige Fütterungszeiten sind ebenfalls empfehlenswert. Füttern Sie Ihren Hund nicht nur einmal täglich, sondern mindestens zwei Mal pro Tag. Katzen und Pferde sollten im Optimalfall immer Futter zur Verfügung haben.

Futtermittel und die fünf Elemente

Jedes Element wird mit einer oder mehreren Geschmacksrichtungen assoziiert. So wie die fünf Elemente (Metall, Erde, Holz, Feuer, Wasser) ineinander übergehen und einem steten Wandel unterworfen sind, variiert auch die Fütterung nach den fünf Elementen je nach Konstitution und Jahreszeit, damit Körper, Geist und Seele laufend mit ausreichend Qi versorgt sind und gesund bleiben. Dies gelingt allerdings nur, wenn in jeder Mahlzeit alle fünf Elemente vorkommen und die Speisen energetisch ausgeglichen sind.

Manche Nahrungsmittel lassen sich mehreren Elementen zuordnen und wirken außerdem gleichzeitig auf Yin und Yang ein.

Was fressen unsere Tiere?

Während wir als Menschen »Allesfresser« sind, sind die von uns gehaltenen Haustiere häufig reine Fleischfresser (Katzen), reine Pflanzenfresser (Pferde) oder überwiegende Fleischfresser (Hunde). Die unterschiedlichen Grundbedürfnisse bezüglich ihrer Fütterung führen dazu, dass die Zuordnung der Nahrungsmittel nicht immer mit der für Menschen übereinstimmt.

Metall: Scharfe Futtermittel wirken auf das Element Metall. Sie öffnen nach außen, regen den Qi-Fluss an und vitalisieren das Blut. Da Scharfes Blockaden löst und eine schweißtreibende Wirkung hat, entfaltet es vor allem bei Erkältungskrankheiten seine günstigen Eigenschaften. Zu den Futtermitteln dieser Kategorie zählen zum Beispiel Reh, Hirsch, Kresse und Reis.

Erde: Süße Futtermittel werden mit der Erde in Verbindung gebracht. Zu ihnen zählen Kartoffeln, Kürbis, Mais, Möhren und anderes Wurzelgemüse. Diese Nahrungsmittel nähren das Blut, stellen aktive Energie zur Verfügung und bauen so das Qi auf. Sie sind besonders empfehlenswert bei Schwäche, Stagnation des Milz-Qi, Stress und bei Zuständen der Leere. Rind-, Enten- und Hühnerfleisch sind Fleischsorten, die zu dieser Kategorie zählen, auch Lachs und Kabeljau.

Holz: Dieses Element spricht auf saure Futtermittel an. Sie kühlen, wirken zusammenziehend, blutstillend und haben einen stopfenden Effekt. Darüber hinaus entspannen sie die Funktionskreise von Galle und Leber, die bei Stress stagnieren und Hitze ansammeln. Erhitzte Gemüter werden durch Holz-assoziierte Nahrung abgekühlt, Aggression kann mit ihnen gelindert werden. In diese Kategorie gehören unter anderem Forelle, Truthahn, Joghurt und Tomaten.

Feuer: Lamm- und Ziegenfleisch sowie gegrilltes Fleisch besitzen bittere Eigenschaften, die mit dem Feuer in Verbindung gebracht werden. Sie lindern innere Unruhe, haben eine ausgleichende Wirkung bei Stress, reduzieren übermäßiges Qi, wirken trocknend, entzündungshemmend, bewegen bei klimatischer

Feuchtigkeit die Körperenergie nach unten und sondern so übermäßige Hitze über die Körperausscheidungen ab. Meistens wird dieser Aspekt der Ernährung durch Kräuter abgedeckt.

Wasser: Salzige Nahrungsmittel wie die meisten Fischsorten, Entenfleisch, Algen und Erbsen werden dem Element des Wassers zugeordnet. Sie wirken schleimlösend, abführend, abschwellend und befeuchtend. Man sollte sie den tierischen Freunden maßvoll füttern. Sie führen zwar in geringer Dosierung zu einer Vermehrung der Körpersäfte, trocknen aber in großen Mengen aus und schwächen die Nierenenergie. Gerade bei tierischen Patienten mit Nieren- oder Herzerkrankungen, Bluthochdruck oder Ödemen sollte die Fütterung dieser Lebensmittel besonders achtsam erfolgen.

Futtermittel und ihre thermische Qualität

Die energetische Wirkung von Futtermitteln ist ihrem Temperaturverhalten zu entnehmen: kühl, kalt, neutral, warm und heiß.

Kälte wird demnach durch warme und heiße Nahrungsmittel ausgeglichen, während Feuer durch kalte und kühle Kräuter bzw. Nahrungsmittel in Schach gehalten wird. Aus diesem Grund sollte stets auf eine Balance der thermischen Wirkung von Mahlzeiten geachtet werden.

Es macht durchaus Sinn, die Ernährung den Jahreszeiten anzupassen. Und dies beschränkt sich also nicht nur auf die Auswahl möglichst saisonaler und regionaler Produkte.

Die Grundlage für alle Mahlzeiten sollte stets aus neutralen Lebensmitteln bestehen. Rohes Obst und Gemüse sollte sich nur in Maßen auf dem Speiseplan von Hund und Katzen finden. Gleiches gilt für energetisch scharfe sowie heiße Nahrungsmittel.

Um das energetische Gleichgewicht des Futters nicht zu beeinträchtigen, sollten Sie es niemals in der Mikrowelle erwärmen. Wenn Sie Ihrem Haustier also mehrere Portionen vorgekocht haben und diese im Kühlschrank aufbewahren, sollten Sie sie jeweils schonend auf Raumtemperatur bringen, indem Sie die Portion einige Zeit vorher aus dem Kühlschrank nehmen. Das Gleiche gilt für angebrochene Futterdosen.

Für die thermischen Eigenschaften eines Futters spielt auch die Zubereitungsart eine große Rolle. Klassisches Trockenfutter ist, egal aus welchen Bestandteilen es besteht, immer als heißes Futtermittel zu bewerten, da es unter großer Hitze und großem Druck hergestellt wird. Auch kalt gepresstes Trockenfutter gilt, da es unter hohem Druck produziert wird, als warm bis heiß. Demgegenüber ist rohes Fleisch, besonders wenn es tiefgekühlt wurde, als kühl bis kalt einzustufen.

Kühle Futtermittel: Zur Gruppe der kühlen Nahrungsmittel gehören unter anderem Kaninchen, Birnen, Äpfel, Brokkoli, viele Kräutertees, Reis, Amaranth, Buchweizen und Weizen. Gekocht sind sie leicht verdaulich und können gut verwertet werden. Kühle Nahrungsmittel sind die Quelle für die Körpersäfte und Blut. Sie werden dem Element Metall zugeordnet und besitzen Yin-Qualität.

Kalte Futtermittel: Kabeljau, Gurken, Spargel, Zucchini, Tomaten und Joghurt sind Beispiele für kalte Nahrungsmittel. Da sie eine Yang-Fülle (innere Hitze) verursachen können, sollten sie nur in geringen Mengen verfüttert werden. Kalte Nahrungsmittel entsprechen dem Element Wasser. Auch sie besitzen einen Yin-Charakter.

Neutrale Futtermittel: Ente, Rindfleisch, Kartoffeln, Möhren, Roggen, Hafer, Dinkel und Mais zählen zu den neutralen Lebensmitteln. Sie sollten regelmäßig gefüttert werden, weil sie Qi fördern und harmonisieren. In gekochter Form bauen Gemüsesorten und Vollwertgetreide dieser Kategorie Gifte ab. Neutrale Nahrungsmittel werden mit dem Element Erde assoziiert.

Warme Futtermittel: Huhn, Wild, Lachs, Hirse und Fenchel fallen in die Kategorie der warmen Nahrungsmittel. Sie haben wärmende Eigenschaften und schenken Energie. Warme Nahrungsmittel sind mit dem Element Holz und Yang verbunden.

Heiße Nahrungsmittel: Zu dieser Gruppe gehören vor allem scharfe Gewürze wie Ingwer und Zimt. Wie die kalten Nahrungsmittel sollten sie nur in geringen Mengen auf dem Speiseplan Ihres Vierbeiners auftauchen, da sie sonst die Balance stören. Heiße Nahrungsmittel werden dem Element Feuer sowie Yang zugeordnet.

Futtermittel und die Jahreszeiten

Die Jahreszeiten geben den Lebewesen ebenso wie Tag und Nacht einen bestimmten Lebensrhythmus vor. So wird es im Sommer früher hell und später dunkel, wir sind meist länger wach und aktiv. Im Winter ist genau das Gegenteil der Fall, wir verbringen weniger Zeit im Freien, und machen es uns gerne mit einer dicken Decke gemütlich. Während die Sommersonne den Körper durchwärmt, lässt uns frostiges Winterwetter frieren, und in der Folge verbringen wir mehr Zeit in unseren Häusern. Kurz: Die Jahreszeiten haben Einfluss auf unsere Umgebung und damit auf den Lebensstil. Das trifft auch auf unsere haarigen Freunde zu. Dies gilt es bei der Ernährung im Hinterkopf zu behalten. Entsprechend sollten dem Futter stets kleine Mengen jener Nahrungsmittel beigegeben werden, die der jeweiligen Jahreszeit entsprechen.

Jeder Jahreszeit sind neben den saisonalen Gemüse- und Obstsorten auch bestimmte Eigenschaften zugeordnet. So repräsentieren würzige und süße Lebensmittel den Frühling. Beispiele hierfür sind Kohlrabi, Mais oder Karpfen. Dem Sommer werden scharfe Gewürze wie Zimt oder Ingwer zugeordnet, und Gerste, Ente oder Süßkartoffeln entsprechen dem Herbst, weil sie saure und/oder süße Eigenschaften besitzen. Bittere und salzige Lebensmittel stehen für den Winter. Zu ihnen gehören Seetang oder Sellerie.

Futtermittel und das Temperament Ihres Vierbeiners

Bei der Zusammenstellung des Futters spielen alle oben genannten Faktoren eine wichtige Rolle. Die Sache ist also sehr komplex, weshalb das vorliegende Buch nur Anhaltspunkte liefert. Für einen detaillierten Diätplan, der exakt auf Ihren Liebling zugeschnitten ist, sollten Sie sich auf jeden Fall an einen Ernährungsberater für Hund und Katze wenden.

Dennoch sagt das Temperament Ihres Tieres schon viel darüber aus, ob es mehr zu Yin oder Yang tendiert, was einen ers-

Welches Futter ist das richtige?

Natürlich ist es praktisch, einfach eine Dose oder einen Futtersack aufzureißen, anstatt das Futter selbst zuzubereiten. Letzteres, egal ob roh oder gekocht, ist natürlich das Nonplusultra, da Sie das Futter individuell den Bedürfnissen Ihres Haustiers anpassen und die Fünf-Elemente-Lehre integrieren können.
Von **Trockenfutter** als alleinigem Futtermittel sollten Sie grundsätzlich Abstand nehmen. Aufgrund seiner Herstellungsart hat es eine erhitzende und austrocknende Wirkung. Verwenden Sie Trockenfutter maximal als Ergänzung, z.B. als Leckerli auf dem Spaziergang oder damit Ihre Katze 24 Stunden täglich die Möglichkeit zur Futteraufnahme hat, und achten Sie dann darauf, ausreichend kühle Futtermittel in den täglichen Speiseplan zu integrieren.
Dosenfutter wird inzwischen von einigen Herstellern, insbesondere von regionalen oder biologischen Produzenten, in guter Qualität angeboten, die Sie bedenkenlos verfüttern können. Achten Sie auf einen ausreichend hohen Fleischanteil (Katze mindestens 65, besser 90 bis 95 Prozent, und Hunde mindestens 35, besser 50 bis 70 Prozent) und eine möglichst natürliche Zusammensetzung ohne Konservierungs-, Farb- und andere Zusatzstoffe. Bei Bedarf können Sie das Dosenfutter dann mit Nahrungsmitteln oder Kräutern ergänzen, um es an die TCVM anzupassen.
Wenn Sie für **selbst zubereitetes Futter** rohes Fleisch wählen, sollten Sie beachten, dass dieses in der TCVM als kühl bis kalt gilt, insbesondere wenn das Fleisch vorher tiefgefroren war – ein Grund, warum einige Hunde und Katzen die Verfütterung rohen Fleisches nicht vertragen.
Sollten Sie die **Rohfütterung von Fleisch** = Barfen bevorzugen, weil sie dem natürlichen Grundnahrungsmittel der Wölfe, Wildhunde und Wildkatzen entspricht, sollten Sie darauf achten, dass das Fleisch bei Verfütterung Raumtemperatur hat, und die Mahlzeit mit pflanzlichen Bestandteilen warmer Qualität ergänzen.
Eine optimale allgemeingültige Ernährung gibt es in der TCVM nicht. Die beste Ernährung ist diejenige, die zu Ihrem Tier passt. Lernen Sie, auf Ihren Hund oder Ihre Katze und Ihr eigenes Gefühl zu hören.

ten und wichtigen Anhaltspunkt für dessen Ernährung darstellt. Damit lässt sich bereits ihr Temperament in Balance bringen, was wie Balsam für deren Geist und Seele ist.

Ruhige und antriebslose Hunde zeichnen sich durch einen hohen Anteil an Yin aus. Für sie wird beispielsweise gekochtes Lamm, Huhn, Kaninchen, Hühnerleber, Truthahn oder Wild empfohlen. Entscheiden Sie sich hierbei stets für nur eine Fleischsorte. Dazu gibt es in warmem Wasser eingeweichte Haferflocken sowie gekochte Zucchini, Grünkohl und/oder Möhren. Katzen mit diesem Temperament füttert man ebenfalls vorzugsweise Haferflocken und/oder gekochte Kartoffeln in Kombination mit gekochtem Lamm, Huhn, Truthahn oder Wild.

Bei Tieren mit einem ausgeglichenen Gemüt befinden sich Yin und Yang in Balance. Dies lässt sich bei Hunden durch Futterrationen fördern, deren Basis rohes oder gekochtes Fleisch nachfolgender Sorten darstellt: Rind (Muskelfleisch, Herz oder Leber), Huhn (auch Hühnermagen), Truthahn oder Kaninchen. Ergänzt wird die Mahlzeit durch eine Kombination aus zwei Teilen braunem Reis oder Kartoffeln und einem Teil Gerste oder Maismehl. Achten Sie darauf, dass das Getreide und der Reis wirklich ausreichend lange sehr weich gekocht wurden. Wenn es schneller gehen muss, empfiehlt sich der Gebrauch von Flocken. Sie müssen nur einige Minuten eingeweicht werden. Gekochter Brokkoli, Zucchini oder eingeweichter bzw. zu Brei verarbeiteter Seetang sind willkommene weitere Zutaten. Bei Katzen dieses Typs eignet sich Futter, das sich aus gekochtem Lamm, Rind (Muskelfleisch, Herz oder Leber), Thunfisch, Makrele, Sardinen oder Kaninchen sowie mit warmem Wasser zu einem Brei verarbeiteten Möhren und/oder gekochten Süßkartoffeln zusammensetzt.

Wenn Ihr Tier sehr aktiv ist, besitzt es viel Yang-Energie. Für die Ernährung bedeutet das, rohes Rindfleisch, gekochte Ente, Hühnermagen, Karpfen, Kabeljau oder entfettetes und gekochtes Schweinefleisch. Zusätzlich können ab und zu anstelle des Fleisches zwei Eier (roh oder gekocht) zugegeben werden. Jeweils eine der genannten Fleischsorten (bzw. die Eier) wird zusammen mit einem Teil weich gekochtem braunem Reis und zwei Teilen gekochter Hirse sowie rohem oder gekochtem Staudensellerie, Salat, Seetang und/oder Spinat gefüttert. Katzen mit überwiegend Yang-Energie sollten einmal die Woche Huhn, Kaninchen oder Truthahn bekommen. Ansonsten stehen rohes oder gekochtes Rind, gekochte Hühnermägen, Kabeljau und ab und zu ein Ei auf dem Speiseplan. Kombiniert wird das Ganze mit weich gekochtem Weizen und/oder Gerste – optional in Flockenform.

Ernährungtipps zur Linderung

Wenn Beschwerden vorliegen, ist es ratsam die Ernährung entsprechend umzustellen, bis Linderung eintritt. Je nach Muster werden dann die passenden Nahrungsmittel gefüttert, die Yin und Yang und damit auch das Qi wieder in Balance bringen. Wenn ein Übermaß an Hitze vorliegt, wird dies durch kühlende Nahrungsmittel ausgeglichen, Trockenheit wirken wiederum befeuchtende entgegen usw. Nachfolgend finden Sie einige Ratschläge in Sachen Diätetik nach den fünf Elementen bei häufigen Beschwerden und Erkrankungen.

Die Ernährungsempfehlungen werden in der TCVM niemals als alleinige Therapiemethode gewählt, sondern sind immer als ein Baustein neben Akupunktur, Heilkräutern und Massage zu betrachten.

Atemwegserkrankungen

Sehr weich gekochter Reis (am besten eine Mischung aus weißem und braunem Reis oder lediglich brauner Reis) sollten ¼ der Futterration ausmachen. Zusätzlich empfiehlt sich die Beigabe von ½ TL Honig. Dazu gibt es Spinat, Brokkoli, Staudensellerie, Möhren sowie Lamm, Rinderleber, Rindfleisch oder Sardinen. Von Trockenfutter wird abgeraten.

Bindehautentzündung

Füttern Sie Gemüse mit bitteren Eigenschaften wie Spargel, Löwenzahn, Spinat oder grüner Salat, und ergänzen Sie diese durch Zutaten wie Kartoffeln, Kabeljau, Rind oder Reis. Letzterer hat zugleich eine leberstärkende Wirkung, was günstig bei Augenerkrankungen ist. Auch Geflügel beeinflusst die Leber positiv. Vermeiden Sie wärmende Nahrungsmittel.

Durchfall

Bewährt hat sich hier die Moro'sche Suppe (→ Seite 120; Möhren). Ansonsten sollten Sie zu beruhigenden Futtermitteln, also Schonkost, greifen. Fettarme tierische Nahrungsmittel wie Hühnerfleisch oder magere Fischsorten sind ratsam. In Ergänzung dazu sollten brauner Reis und leicht gedämpftes neutrales Gemüse wie Möhren stehen. Wichtig ist, dass die Tiere ausreichend Flüssigkeit erhalten. Deswegen empfiehlt es sich, die Brühe des gekochten Hühnerfleisches (am besten mit Möhren versetzt) zu reichen. Insbesondere Hunde trinken dann mehr.

Gelenkentzündungen

Achten Sie auf eine basische Ernährung, und sorgen Sie für die Aufnahme vieler Antioxidantien aus Obst und Gemüse sowie

Kalzium (bei bereits eingesetzter Knochen- und Gelenkdegeneration) aus Spinat und Brokkoli. Neben Nahrungsmitteln, die reichlich Vitamin A, C und E enthalten, braucht Ihr Vierbeiner essenzielle Fettsäuren aus Lachs, Makrele oder Sardinen. Ebenso eignet sich als Proteinquelle Geflügelfleisch. Rotes Fleisch sowie Milchprodukte gilt es zu vermeiden.

Geschwüre im Maul

Rohes, fein zerkleinertes Rindfleisch, gekochter Fisch wie Karpfen oder Sardinen in Kombination mit weich gekochtem Spargel, Staudensellerie, Mais, sehr weich gekochter Hirse und/oder Gerste. Von Trockenfutter wird unbedingt abgeraten.

Husten

Es empfehlen sich befeuchtende Nahrungsmittel wie Rind (Muskelfleisch und Leber), Lamm, Sardinen, Thunfisch, Kabeljau sowie Ei. Dazu gibt es beispielsweise rohen oder gekochten Spargel, Spinat, Brokkoli sowie auf der Getreideseite gekochten Maisbrei, Gerste, braunen Reis oder Hirse.

Juckreiz

Das A und O sind kühlende Nahrungsmittel. Diese sollten ¼ einer Ration ausmachen. Der Rest besteht aus neutralen Lebensmitteln. Tierisches Protein liefern Huhn, Kaninchen oder Rind.

Ohrenentzündung

Greifen Sie auf eine Kombination von Nahrungsmitteln mit neutralen sowie kühlenden Eigenschaften zurück. Hunde erhalten mehr Gemüse als Fleisch. Von Vorteil sind hier Brokkoli, Erbsen oder Möhren. Katzen wird neutrales Fleisch wie Hühnermägen oder Makrele gefüttert. Ergänzt werden die Mahlzeiten durch Gerste, Süßkartoffeln und/oder braunen Reis.

Verdauungsprobleme

Wenn das Qi von Milz und Pankreas schwächelt, führt dies häufig zu Verdauungsproblemen, Appetitverlust und/oder Ermüdung. In solchen Fällen gilt es, warme und süße Nahrungsmittel zu füttern. Folglich stehen auf dem Speiseplan neben Gemüsen wie Möhren und Kürbis in gekochter Form Kartoffeln sowie Haferflockenbrei. Die tierische Proteinquelle stellen magerer Fisch, Hühnerfleisch und mageres Rind dar – ebenfalls gekocht. Während der Fleischanteil in der Schonkost für Hunde ca. ⅓ betragen sollte und ⅔ pflanzliche Bestandteile, besteht bei Katzen die Schonkost aus 40 Prozent pflanzlichen Bestandteilen und 60 Prozent tierischem Protein.

Verstopfung

Der Fleischanteil sollte möglichst gering gehalten werden. Füttern Sie Gurken, Möhren, Kartoffeln und braunen Reis. Ebenso eignen sich Weizenkleie und Hafer. Mengen Sie dem Futter einen Schuss Oliven- oder Hanföl bei. Und sorgen Sie zusätzlich für viel Bewegung, das bringt den Darm in Schwung.

Heilkräuteranwendungen

Die Chinesen machen sich seit jeher die Kraft der Pflanzen zunutze und behandeln verschiedenste Erkrankungen und deren Ursache mit Wurzeln, Blüten, Samen usw. Im Gegensatz zu synthetisch hergestellten Einzelstoffen handelt es sich bei Heilpflanzen um ein natürliches Produkt. Jedes Kraut besitzt eine Vielzahl von Substanzen, die einzigartige Wirkeigenschaften aufweisen. Manchmal treten diese Wirkungen sogar nur in Kombination mit anderen Stoffen auf und bleiben bei Einzelanwendung völlig aus.

Natürlich waren den chinesischen Ärzten vor 5000 Jahren die genauen Inhaltsstoffe der einzelnen Pflanzen und ihrer Bestandteile nicht bekannt. Dennoch waren sie sich über das Potenzial von Pflanzenkombinationen bewusst, und so werden Heilpflanzen dort bis heute in der Regel in Form von Mischungen angewendet. In der TCVM werden Heilkräuter und andere Arzneimittel nach Geschmack, Temperatur, Funktionsbereich und zugeordnetem Element unterschieden. Die Kombination dieser Qualitäten sowie die Dosierung werden stets individuell an den jeweiligen Patienten angepasst.

Durch die unglaublichen Erfahrungswerte formierte sich im Laufe der Zeit eine reichhaltige Apotheke, die neben Pflanzen auch Bestandteile von Tieren (dem Artenschutz wird dabei heute Rechnung getragen) und Mineralien sowie Zubereitungen aus Heilsteinen aufweist. Heilmittel aus Pflanzen und anderen Stoffen werden beispielsweise in Form von Pillen, Pulvern, Arzneipflastern, aber auch als Tee und Kräutersaft verabreicht. Keine Arznei ist für einen langfristigen Gebrauch gedacht, und eine Gabe an Ihr Tier sollte nur auf Anraten einer TCVM-Ärztin oder eines TCVM-Arztes oder einer Tierheilpraktikerin bzw. eines Tierheilpraktikers erfolgen.

Vorsicht bei der Kräuterwahl

Nicht alle im Handel erhältlichen Heilkräuter sind unbedenklich. Je nach Anbaumethode und Herkunftsort können Pflanzen Schadstoffe enthalten, die die Gesundheit negativ beeinträchtigen. Achten Sie deshalb immer auf Qualität, und beziehen Sie Heilkräuter am besten aus einer gut sortierten TCM-Apotheke oder vom Kräuterhandel Ihres Vertrauens.

Die nachfolgenden Kräuteranwendungen können in der Regel bedenkenlos als komplementäre Therapie eingesetzt werden. Sollte sich innerhalb von drei Tagen keine Besserung einstellen oder verschärfen sich die Beschwerden sogar, empfiehlt sich das Aufsuchen eines Tierarztes. Zu den Dosierungsangaben: Katzen und kleine Hunde erhalten die geringste Dosis. Mittelgroße Hunde die mittlere und große in der Regel die höchste angegebene Dosierung. Sprechen Sie die individuelle Dosis trotzdem im Vorfeld sicherheitshalber mit Ihrem Tierarzt/Ihrer Tierärztin ab.

Hier bitte dringend zum Tierarzt!

Sollte Ihr Tier apathisch sein, kein Futter mehr zu sich nehmen, starke Schmerzen haben, ununterbrochen niesen oder husten, sich wiederholt erbrechen, unter starkem Durchfall leiden oder sonst in irgendeiner Form den Eindruck erwecken, ernsthaft oder gar lebensgefährlich erkrankt zu sein, sollten Sie keine Eigenbehandlung vornehmen, sondern umgehend einen Tierarzt konsultieren.

Abwehrsteigerung

Die Supplementierung mittels Astragalus (Tragant) wird in der TCM zur Stärkung der Abwehr eingesetzt. Am besten gebraucht man das Kraut in Kapselform. Beachten Sie hierbei die Hinweise zur Dosierung auf der Packungsbeilage. Die energetischen Eigenschaften von Astragalus sind süß und leicht warm.

Übermäßiger Appetit

Kamille: 1 TL Kamillenblüten mit 250 ml heißem Wasser übergießen, 5 bis 7 Minuten ziehen lassen, abseihen und 2-mal täglich 1 bis 3 TL davon ins Futter geben. Kamillenblüten gelten in der TCVM als leicht bitter, leicht scharf und haben neutrale thermische Eigenschaften.

Appetitverlust

Ingwerpulver: ⅛ bis ½ TL (je nach Größe des Tieres) dem Futter beimischen. Ingwer hat in der TCVM heiße und trockene energetische Eigenschaften.

Bandscheibenbeschwerden

Brennnessel: ⅛ bis ¾ TL getrocknetes Kraut verabreichen. Die Brennnessel gilt als süß und kühl.

Bindehautentzündung

Vitamine A und E: Die Dosierung der jeweiligen Substanz erfolgt gemäß Packungsangabe. Alternativ zur Reinform kann Vitamin A in Form von Lebertran und Vitamin E als Nachtkerzenöl verabreicht werden. Achten Sie auch hier auf die korrekte Dosierung je nach Größe Ihres Vierbeiners.

Augentrost: 1 TL Augentrost mit 200 ml kaltem Wasser ansetzen,

zum Sieden bringen und anschließend 2 Minuten ziehen lassen. Mit dem Tee Kompressen oder saubere Leintücher benetzen. Diese dreimal täglich für mehrere Minuten auf die Augen legen.
Aloe vera: Kühlen Sie die Augen mit Aloe-vera-Kompressen. Das reduziert den Juckreiz. In der TCVM werden der Aloe vera kühlende und bittere Eigenschaften zugeschrieben.

Achtung!

Wenngleich Kamillenbäder beim Menschen ein bewährtes Mittel bei Entzündungen aller Art sind, nehmen Sie davon bei Hunden und Katzen Abstand. Die Kräuteranwendung kann bei ihnen die Beschwerden verstärken.

Durchfall

Möhren: ½ kg geschälte Möhren in 1 l Wasser etwa 90 Minuten kochen, pürieren und dem Tier in geeigneter Menge nach 12 bis 24 Stunden Fastenzeit bei akutem Durchfall füttern, um so die Schonkost zu starten. Möhren gelten als warm und süß.
Kamille, Salbei und Zimt: Bei chronischem wässrigem Durchfall schafft ein Tee aus je ½ TL Kräuter Abhilfe. Die Kräutermischung mit siedendem Wasser übergießen, 20 Minuten ziehen lassen, abseihen und zwei Mal täglich 1 bis 3 Pipetten davon verabreichen – am besten im Futter.

Erbrechen

Ingwer: 2 Scheiben Ingwer mit 250 ml siedendem Wasser übergießen, etwa 5 Minuten ziehen lassen, abseihen und je nach Größe des Tieres 50 bis 100 ml in kleinen Portionen über den Tag verteilt verabreichen. Wie oben bereits beschrieben, gilt Ingwer in der TCVM als heiß und trocken.

Fenchel: 1 TL medizinischen Fenchel mörsern und mit 100 ml kochendem Wasser übergießen, 5 Minuten ziehen lassen und abseihen. Die energetischen Eigenschaften von Fenchel sind scharf und warm. Er reguliert das Qi.

Hot Spots (stark juckende, nässende, lokal begrenzte Hautentzündungen)

Grüntee und Kräutermischung: Übergießen Sie 1 Teebeutel Bio-Grüntee mit 250 ml kochendem Wasser, 5 bis 7 Minuten ziehen lassen, abseihen, abkühlen und in eine desinfizierte Sprühflasche füllen. Besprühen Sie die betroffene Stelle so oft wie möglich mit dem Tee. Der Tee sollte täglich frisch zubereitet werden. Grüner Tee gilt in der TCVM als wärmend und trocknend. Gegebenenfalls können Sie anschließend eine Mischung aus nachfolgenden Pulvern mittels eines Salzstreuers darüberstreuen: kanadischer Gelbwurz, Thymian und Purpur-Sonnenhut zu gleichen Teilen.

(Zwinger-)Husten

Thymian: Bei Hunden ca. ½ bis 1 TL pro 10 kg Körpergewicht (bei Pferden ca. 1 bis 2 EL pro 100 kg Körpergewicht). Thymian kann direkt ins Futter gegeben werden oder mit kochendem Wasser als Tee aufgebrüht werden. Thymian besitzt scharfe und warme energetische Eigenschaften.

Purpur-Sonnenhut: Geben Sie das Kraut 1-mal täglich in Pulverform in das Futter. Beachten Sie dabei die Dosierungsangaben des Herstellers. Die Behandlung sollte etwa 10 bis 14 Tage anhalten. In der TCVM werden dem Purpur-Sonnenhut kühlende, scharfe, leicht bittere und leicht süße Eigenschaften zugeschrieben.

Vitamin C mit Quercetin: Das Bioflavonoid Quercetin fördert die Aufnahme von Vitamin C. Katzen und Hunde bekommen die beiden Futterzusätze gleichzeitig nach Packungsanleitung 2-mal täglich bei Husten mit feuchtem Schleim verabreicht.

(Katzen-)Schnupfen:

Fenchel: 1 TL medizinischen Fenchel mörsern und mit 100 ml kochendem Wasser übergießen, 5 Minuten ziehen lassen und abseihen. Die energetischen Eigenschaften von Fenchel sind scharf und warm. Er reguliert das Qi.
Purpur-Sonnenhut: Geben Sie das Kraut 1-mal täglich in Pulverform in das Futter. Beachten Sie dabei die Dosierungsangaben des Herstellers. Die Behandlung sollte etwa 10 bis 14 Tage anhalten. In der TCVM werden dem Purpur-Sonnenhut kühlende, scharfe, leicht bittere und leicht süße Eigenschaften zugeschrieben.
Vitamin C mit Quercetin: Das Bioflavonoid Quercetin fördert die Aufnahme von Vitamin C. Katzen und Hunde bekommen die beiden Futterzusätze gleichzeitig nach Packungsanleitung 2-mal täglich bei Niesen und Nasenausfluss mit feuchtem Schleim verabreicht.

Verstopfung

Flohsamenschalen: 1 TL zerkleinerte Flohsamenschalen in mindestens 100 ml Wasser vorquellen lassen und anschließend dem Futter beimischen. In der TCVM gelten Flohsamenschalen als süß und neutral.

Akupunktur

Die Akupunktur ist eine jahrtausendealte chinesische Heilmethode, die in der Lehre von Yin und Yang wurzelt. Mittels feiner Nadeln wird durch die Anregung von Reizpunkten eine therapeutische Wirkung erzielt.

Hierbei werden mehr als 360 anerkannte Reizpunkte bedient, die auf den Haupt- oder Sondermeridianen sitzen. Daneben gibt es einige Extrapunkte, die je nach Krankheitsbild ebenfalls gestochen werden können. Durch die Nadelung wird der Qi-Fluss der jeweiligen Meridiane gezielt harmonisiert.

Darüber hinaus werden durch Akupunktur die Freisetzung von Glückshormonen sowie die Produktion körpereigener Morphine (schmerzstillende Stoffe) angeregt. Akupunktur kann bei sehr vielen Beschwerden und Erkrankungen Abhilfe schaffen.

Zur Schmerztherapie

- Akuter und chronischer Schmerz, wie bei Arthrosen oder Lahmheiten
- Post-operative Schmerzen
- Rückenerkrankungen
- Schmerzen und Erkrankungen der Halswirbelsäule
- Ischiasähnliche Schmerzen
- Muskelentzündungen

Bei Organerkrankungen

- Unterstützung der Organfunktion bei chronischen Erkrankungen der Leber oder der Niere

— Akute und chronische Verdauungsstörungen
— Akute und chronische Krankheiten der Atemwege

Ebenso empfiehlt sich Akupunktur bei Fruchtbarkeitsstörungen sowie zur Unterstützung vor und/oder nach Geburten. Weitere Einsatzgebiete in der Veterinärmedizin sind Allergien mit und ohne Juckreiz, sowie zur Unterstützung bei Verhaltensauffälligkeiten, wie z. B. Aggressivität oder Unruhe.

Durchschnittlich dauert eine Akupunktursitzung etwa 30 Minuten. Zur Verwendung kommen feine Nadeln, die meist aus Gold, Silber oder Stahl gefertigt sind. Diese werden in schnellen Bewegungen in die Haut gestochen.

Einige Krankheitsbilder erfordern eine beruhigende und andere wiederum eine stimulierende Wirkung. Dämpfend wirken mehrere Nadeln auf einmal. Durch die Verwendung weniger Nadeln wird wiederum eine stärkende (tonisierende) Wirkung erzielt. Aber auch durch zusätzliche Manipulationen der Nadeln, z. B. durch Drehen, können beruhigende und stimulierende Wirkungen erzielt werden.

Wichtig!

Akupunkturbehandlungen können nur durch erfahrene TCVM-Ärzte oder -Ärztinnen oder anderes entsprechend geschultes medizinisches Personal ausgeführt werden.

Heilende Massagen

Ihren Ursprung soll die Massage im Osten Afrikas und in Asien haben. So beschreibt der Gelbe Kaiser bereits 2600 v. Chr. spezielle Massagehandgriffe. In China wird die Massage seit jeher in Kombination mit anderen Behandlungstechniken zur Heilung eingesetzt.

Schriften und Wandzeichnungen aus dem Alten Ägypten weisen darauf hin, dass man sich die heilende Wirkung von Massagen auch bei Haus- und Nutztieren zunutze machte. Japaner und Chinesen taten es den Ägyptern vor mehr als tausend Jahren gleich und behandelten ihre Tiere sowohl präventiv als auch bei Beschwerden mit Massagen. In der Traditionellen Chinesischen Medizin gehören die Akupressur sowie Tuina Anmo zu den gängigsten massagetherapeutischen Anwendungen. Beide Techniken sind problemlos an Tieren anwendbar.

Akupressur

Die Basis der Akupressur bildet die Lehre der Akupunktur. Wie diese zielt sie darauf ab, den Lebensenergiefluss zu harmonisieren. Sie wird vorbeugend, aber auch zur Behandlung von Beschwerden eingesetzt.

Dabei werden die einzelnen Punkte mittels unten beschriebener Techniken stimuliert. Akupressur kann wie die Akupunktur eine dämpfende (sedierende) sowie eine anregende (tonisierende) Wirkung haben. Sie eignet sich hervorragend zur Selbstbehandlung für einige Beschwerden.

Eine Akupressurbehandlung reduziert Schmerzen, sorgt für eine bessere Durchblutung in den akupressierten Bereichen und optimiert den Stoffwechsel. Aufgrund der verbesserten Blutversorgung kommt es zu einer Wärmeentwicklung. Diese fördert die Entspannung und beruhigt ebenfalls die Nerven. Darüber hinaus werden die Ausscheidung von Schlacken und der Lymphfluss aktiviert.

Vorsicht bei der Selbstbehandlung

Achten Sie darauf, dass Ihr Tier die Akupressur immer als angenehm empfindet. Zeigt es Unruhe, Unbehagen oder gar aggressive Abwehrbewegungen während der Akupressur, sollten Sie umgehend andere Punkte wählen oder die Akupressur komplett abbrechen und eine/n TCM-Tierärztin/-arzt oder -Tierheilpraktiker/in zurate ziehen. Durch eine falsch durchgeführte Akupressur können Sie Ihrem Tier schaden.

Bei **schwerwiegenden** Erkrankungen sollten Sie immer eine/n Tierärztin/-arzt konsultieren und die Akupressur **nur begleitend** und **nur unter Rücksprache** mit dem behandelnden Tierarzt anwenden. Bei einigen Erkrankungen (z.B. Thrombosen) kann eine Akupressur zur Verschlechterung der Erkrankung führen.
Während der Trächtigkeit sollten Sie keine Akupressur durchführen.

Folgende Themen sind beim Akupressieren Ihres Tieres zu bedenken:
- Die Behandlung sollte in einem ruhigen und gelüfteten Raum erfolgen.
- Es empfiehlt sich eine Behandlung von 3 bis 5 Minuten für jeden Punkt.
- Die Akupressur sollte am besten 2-mal täglich durchgeführt werden.

Die wichtigsten Massagetechniken

Es gibt verschiedene Druckbewegungen und Grifftechniken, die ausschlaggebend für den Erfolg einer Behandlung sind. Bevor man mit der Druckpunktmassage bzw. der Tuina Anmo (→ Seite

135 ff.) beginnt, sollte man sich darüber im Klaren sein, ob man die Punkte anregen oder dämpfen möchte.

Anzeichen für einen Energiemangel sind chronische Beschwerden. In solchen Fällen empfiehlt sich eine Anregung. Hierfür massieren Sie den entsprechenden Punkt bei Ihrem Vierbeiner mit mittelstarkem Druck **im** Uhrzeigersinn.

Leidet Ihr Tier hingegen unter akuten Problemen, ist dies meist auf einen Energieüberschuss zurückzuführen. Eine leichte Druckmassage **gegen** den Uhrzeigersinn hat eine sedierende Wirkung und hilft Ihrem Liebling, die überschüssige Energie auszuleiten.

Drücken (schmerzlindernde Wirkung): Mit festem Hautkontakt drückt man entweder mit dem Daumenballen, mit mehreren Fingern gleichzeitig oder dem Ellenbogen einen Akupunkturpunkt. Dabei beginnt man mit einem sanften Druck, der langsam stärker wird.

Kreisendes Drücken (schmerzlindernd, abschwellend, verdauungsanregend): Mit gleichmäßigem Druck werden kreisende sowie knetende Bewegungen ausgeführt; zu Beginn im und dann gegen den Uhrzeigersinn.

Reiben (abschwellend, schmerzlindernd, tonisiert innere Organe): Die Haut wird mit dem Daumen, dem Handballen oder der Handfläche sanft gerieben, bis sie sich erwärmt. Katzen und Hunde entspannen dabei sehr schnell.

Schieben (entspannend, schmerzlindernd, anregend, krampflösend, regt den Stoffwechsel an): Die Haut wird von einem bestimmten Punkt aus nach vorn und dann wieder zurückgeschoben. Dieser Vorgang wird mehrmals wiederholt. Je nach zu behandelndem Areal werden hierfür Daumen, Fingerspitzen, Faust, Handflächen oder Ellenbogen eingesetzt.

Weitere Massagetechniken für Rücken und Gliedmaße

Schieben und Rollen: Verspannungen im Rückenbereich lassen sich durch Schieben mit der Handkante oder dem Handballen oder durch Rollen einer Hautfalte parallel zur Wirbelsäule auflösen.

Kneten (krampflösend, fördert die Durchblutung): Die Muskulatur wird mit dem Daumen oder den Fingern gezupft, bewegt oder geknetet.

Kneifen (krampflösend, fördert die Durchblutung, stärkt die Abwehr): Ähnlich wie beim Kneten wird die Muskulatur mit Daumen, Zeige- und Mittelfinger mit leichtem Druck gekniffen und anschließend wieder losgelassen. Viele Tiere mögen das gar nicht, insbesondere wenn sie empfindlich sind. Gehen Sie deshalb sehr behutsam vor.

Zwirbeln (wohltuende Wirkung für Muskeln und Gelenke): Eine Gliedmaße mit beiden Handflächen umschließen und unter gleichmäßigem Druck hin und her zwirbeln bzw. reiben. Begonnen wird mit langsamem Tempo, das zügig gesteigert und zum Ende hin wieder auf die Anfangsgeschwindigkeit gedrosselt wird.

Wischen (stärkt die Haut und beruhigt): Beide Daumen oder Hände werden an einem Punkt platziert und von dort aus langsam mit gleichmäßigem Druck nach außen bewegt.

Rollen (stärkt die Knochen, wirkt Verspannungen und Schmerzen im Bewegungsapparat entgegen, regt die Durchblutung an): Auf dem Muskel wird die leicht gekrümmte Hand platziert und sanft bis mittelkräftig hin- und hergerollt.

Trommeln (entspannt die Muskulatur): Mit den Fingerspitzen oder den Fingerknöcheln bei geballter Faust das entsprechende Areal locker aus dem Handgelenk heraus abklopfen.

Klopfen (wirkt Gliederschmerzen entgegen, lindert Verspannungen): Am Ende einer Akupressurbehandlung erfolgt die Klopftechnik. Dabei wird mit der Seitenfläche des kleinen Fingers geklopft. Alternativ kann diese Technik auch mit der Seitenfläche der geballten Faust durchgeführt werden.

Wo eine bestimmte Massagetechnik bei einer Punktindikation besonders sinnvoll ist, wird diese jeweils aufgeführt.

Wichtig!

Im Kapitel zu den Meridianen finden Sie weitergehende Informationen zu den Akupunkturpunkten sowie weitere wichtige Reizpunkte bei Hund und Katze (→ Seite 29 ff.) und für Ihr Pferd im Extrakapitel (→ Seite 145 ff.).

Akupunkturpunkte für häufige Beschwerden von Hund und Katze

Appetitverlust

Appetitverlust ist in der Regel kein alleinstehendes Symptom und steht nur sehr selten in Zusammenhang mit einer Magen-Darm-Erkrankung. Die Behandlung der Ursache sollte im Vordergrund stehen.

KG 12 – Zhongwan: auf der bauchseitigen Mittellinie, in der Mitte zwischen Nabel und hinterem Brustbeinende

Mit kreisenden Bewegungen Druck auf diesen Punkt ausüben.

Bindehautentzündung

GB 1 – Tongziliao: am äußeren Augenwinkel

GB 20 – Fengchi: im Nacken, seitlich der Mittellinie in einer Vertiefung zwischen Schädel und erstem Halswirbel

Die Punkte werden etwa 20 Sekunden lang gleichzeitig sanft gedrückt.

Blähungen mit krampfartigen Schmerzen

LE 3 – Taichong: auf dem oberen Drittel des zweiten (= häufig innersten, weil innerste Zehe meist fehlt) Mittelfußknochens

MA 36 – Zusanli: unterhalb des Knies außen neben der Schienbeinkante, in einer flachen Vertiefung oberhalb des Muskels

MP 6 – Sanyinjiao: an der Innenseite des Unterschenkels, etwas oberhalb des Sprunggelenks, circa auf ¼ der Strecke zwischen Sprunggelenk und Knie

Blasenentzündung

BL 40 – Weizhong: genau in der Mitte der Kniekehle.

Massieren Sie den Punkt mittels kleiner kreisender Bewegungen.

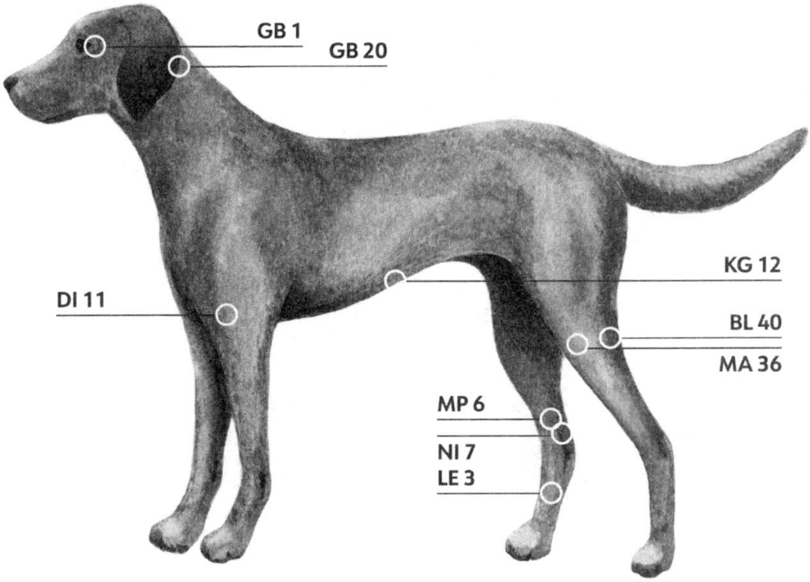

NI 7 – Fuliu: auf dem Hinterbein an der Innenseite, am Vorderrand der Achillessehne, an ihrem oberen Ende, bevor sie sich zum Muskel verdickt

Durchfall

MA 36 – Zusanli: unterhalb des Knies außen neben der Schienbeinkante, in einer flachen Vertiefung oberhalb des Muskels
Bei breiigem Durchfall etwa 10 Sekunden gedrückt halten.
MP 6 – Sanyinjiao: an der Innenseite des Unterschenkels, etwas oberhalb des Sprunggelenks, circa auf ¼ der Strecke zwischen Sprunggelenk und Knie
DI 11 – Quchi: am äußeren Ende der Ellenbogenfalte, die sich beim Abwinkeln des Armes ergibt; an der Außenseite des Vorderbeins

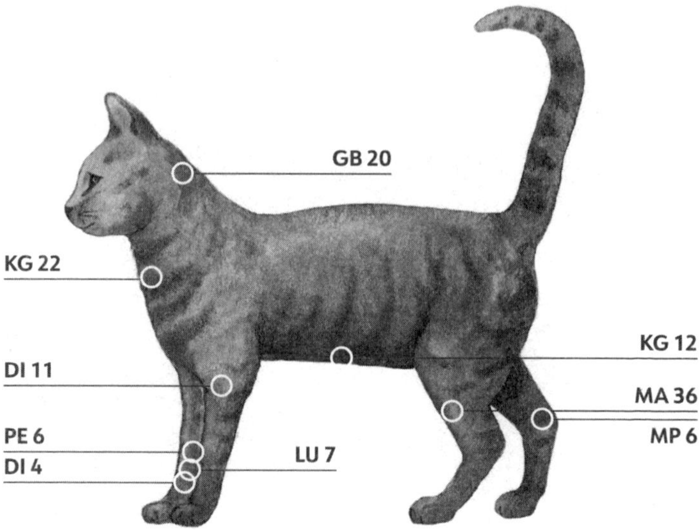

Erbrechen

MA 36 – Zusanli: unterhalb des Knies außen neben der Schienbeinkante, in einer flachen Vertiefung oberhalb des Muskels
Den Punkt mittels kleiner kreisender Bewegungen massieren.
KG 12 – Zhongwan: auf der bauchseitigen Mittellinie, in der Mitte zwischen Nabel und hinterem Brustbeinende
Mit kreisenden Bewegungen Druck auf diesen Punkt ausüben.
PE 6 – Neiguan: mittig auf der Innenseite des Unterarmes, etwas oberhalb des Vorderfußwurzelgelenks, nach ca. ⅙ der Strecke von Vorderfußwurzelgelenk zum Ellenbogen

Fieber

DI 11 – Quchi: am äußeren Ende der Ellenbogenfalte, die sich beim Abwinkeln des Armes ergibt; an der Außenseite des Vorderbeins
DI 4 – Hegu: innen am Vorderbein, mittig auf der Hautfalte zwischen Daumenkralle und Mittelfuß

Gewichtsverlust

MP 6 – Sanyinjiao: an der Innenseite des Unterschenkels, etwas oberhalb des Sprunggelenks, circa auf ¼ der Strecke zwischen Sprunggelenk und Knie

Etwa 1 Minute gedrückt halten.

Husten

LU 7 – Lieque: auf der Innenseite des Vorderbeines, in einer kleinen Vertiefung direkt oberhalb des Karpalgelenks (Vorderfußwurzelgelenks)

Diesen Punkt auf beiden Armen in kleinen Kreisen mit sanftem Druck auf- und abmassieren.

KG 22 – Tiantu: an der vorderen Brustbeinspitze

Juckreiz

MP 6 – Sanyinjiao: an der Innenseite des Unterschenkels, etwas oberhalb des Sprunggelenks, circa auf ¼ der Strecke zwischen Sprunggelenk und Knie

Etwa 1 Minute mit gedrückt halten.

DI 11 – Quchi: am äußeren Ende der Ellenbogenfalte, die sich beim Abwinkeln des Armes ergibt; an der Außenseite des Vorderbeins

Ohrenentzündung

DI 11 – Quchi: am äußeren Ende der Ellenbogenfalte, die sich beim Abwinkeln des Armes ergibt; an der Außenseite des Vorderbeins

GB 20 – Fengchi: im Nacken, seitlich der Mittellinie in einer Vertiefung zwischen Schädel und erstem Halswirbel

Die Punkte werden etwa 20 Sekunden lang gleichzeitig sanft gedrückt.

Rückenschmerzen

BL 40 –Weizhong

Lage bei Hund und Katze: genau in der Mitte der Kniekehle

DÜ 3 – Houxi: bei gebeugter Pfote an der Außenseite in einer Vertiefung neben dem Zehengrundgelenk

Generelle Schwäche

DI 4 – Hegu: innen am Vorderbein, mittig auf der Hautfalte zwischen Daumenkralle und Mittelfuß

MA 36 – Zusanli: unterhalb des Knies außen neben der Schienbeinkante, in einer flachen Vertiefung oberhalb des Muskels

Verstopfung

MA 25 – Tianshu

Lage bei Hund und Katze: in der Bauchmuskulatur, seitlich des Nabels, auf halber Strecke zwischen Nabel und Zitze

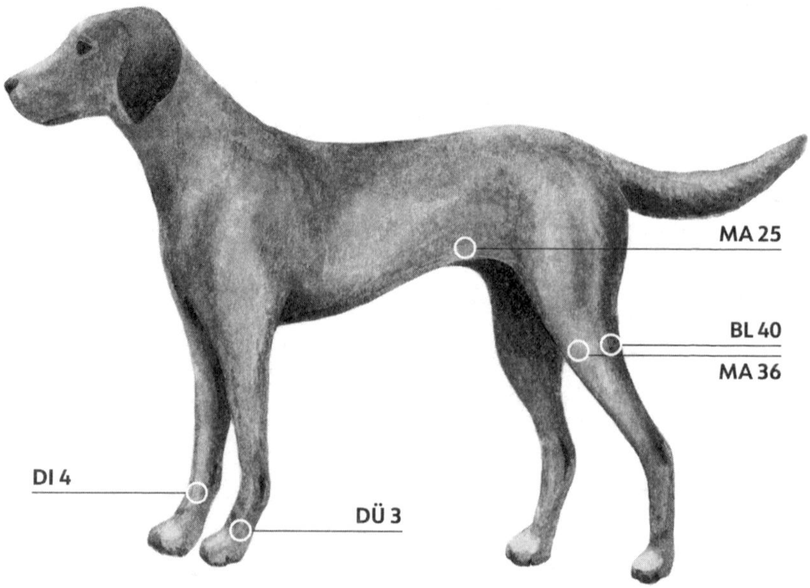

Tuina Anmo

Während die westliche Massage als physiotherapeutische Behandlung betrachtet wird, zielt die jahrtausendealte chinesische Tuina-Anmo-Massage auf eine ganzheitliche Therapie ab. Hier werden mithilfe unterschiedlicher Massagetechniken (z. B. Streichen, Greifen, Klopfen, Kneten, Schieben, Drücken) verschiedene Reizpunkte und Meridiane angeregt.

Tuina Anmo lockert und entspannt nicht nur Muskeln, Bänder, Sehnen, Knochen, Unterhautzellgewebe und Gefäße, sondern zielt vor allem auf eine Regulierung des Qi-Flusses in den Meridianen ab. Sie beeinflusst tiefer liegende Körperstrukturen und löst psychische sowie emotionale Störungen auf.

Tuina Anmo wird in der Traditionellen Chinesischen Medizin insbesondere zur Harmonisierung von Yin und Yang, zur Aktivierung von Qi und Blut (Xue) sowie zur Stärkung des Immunsystems verordnet. Sie lindert Schmerzzustände, wirkt Störungen des Bewegungsapparates, Magen-Darm-Erkrankungen und neurologischen Problemen entgegen.

Die chinesische Heilmassage wird zur Behandlung von Erkrankungen stets in Kombination mit anderen Maßnahmen angewendet. Als Einzelanwendung kommt sie in der Regel nicht zum Einsatz.

Wichtige Hinweise für die Anwendung

- Sorgen Sie für eine entspannte und ruhige Atmosphäre, schalten Sie Telefon und am besten die Türklingel ab.
- Legen Sie sich vor Beginn eine leichte Decke zurecht, mit der Sie das Tier nach der Massage zudecken.
- Gehen Sie mit sanftem, aber dennoch bestimmtem Druck

vor. Dieser sollte unbedingt an die Größe Ihres Hundes oder Ihrer Katze angepasst werden.

- Achten Sie stets auf die Reaktionen Ihres Haustieres, und passen Sie die Intensität der Massage entsprechend an.
- In der Regel werden bei chronischen Leiden kräftige und bei akuten Beschwerden sanfte Handgriffe angewendet.
- Wie bei der Akupressur (→ Seite 125 ff.) gilt: Qi-Überschuss wird mittels kurzem und festem Druck im Uhrzeigersinn ausgeleitet (Sedierung); Qi-Mangel lässt sich durch langsamen und sanften Druck gegen den Uhrzeigersinn beseitigen (Tonisierung)
- Die einzelnen Techniken finden Sie auf Seite 125 ff. bei der Akupressur.

Tipp

Sprechen Sie die einzelnen Massageschritte mit ruhiger Stimme auf Band, und lassen Sie dieses während der Massageanwendung laufen, dann können Sie die heilende Tuina Anmo flüssig ausführen.

Verdauungsbeschwerden

- Nehmen Sie neben Ihrem Vierbeiner auf dem Boden Platz, und bringen Sie ihn dazu, dass er sich auf den Rücken oder zumindest auf die Seite legt, sodass Sie den Bauchbereich gut erreichen.
- Bei Durchfall streichen Sie in sanften kreisenden Bewegungen gegen den Uhrzeigersinn etwa 50-mal um den Bauchnabel des Tieres. Leidet Ihre Fellnase unter Übelkeit und Erbrechen oder Verstopfung, erfolgt das Ganze im Uhrzeigersinn.

- Nun wird das Areal des Konzeptionsgefäßes (→ Seite 60 ff.) etwa 20-mal sanft gerieben, anschließend drücken Sie die einzelnen Punkte des Konzeptionsgefäßes im Bauchbereich weitere 20-mal.
- Dann platzieren Sie Ihre beiden Hände mittig auf dem Bauch des Tieres und streichen zur Seite hin etwa 50-mal aus.
- Danach legen Sie den Vierbeiner auf die linke Seite und streichen den Magenmeridian bis zu seinem Ende an den Zehen 20-mal entlang (Verlauf des Magenmeridians, → Seite 35 ff.). Nun reiben Sie die Leitbahn 20-mal entlang, um die Punkte im Anschluss daran vorsichtig jeweils 20-mal zu kneifen und zu drücken.
- Wenden Sie Ihren Vierbeiner auf die rechte Seite, und wiederholen Sie die obigen Anwendungen.
- Bringen Sie Ihre Katze und Ihren Hund in eine stehende Haltung, und üben Sie streichende, rollende und reibende Bewegungen entlang des Lenkergefäßes und des Blasenmeridians aus (Verlauf der Leitbahnen→ Seite 57 und Seite 43).
- Wenden Sie sich jetzt den auf dem Rücken gelegenen Punkten des Blasenmeridians zu, und drücken und kneifen Sie diese je 30-mal.
- Massieren Sie zum Abschluss beide Ohren jeweils etwa 20 Sekunden sanft durch, vom Ansatz am Kopf bis in die Spitzen, und streichen Sie dann den Körper hin zu den Gliedmaßen sanft aus.
- Decken Sie Ihren Liebling zu, und verweilen Sie einige Minuten an seiner Seite oder lassen Sie ihn allein. Hauptsache, er fühlt sich wohl und kann in Ruhe nachspüren.

Rückenschmerzen und zur Prävention von Bandscheibenproblemen

- Nehmen Sie neben Ihrem Haustier Platz. Dieses kann entweder stehen oder auf dem Bauch liegen.
- Streichen Sie zu Beginn der Behandlung sanft mit den Fingerspitzen oder den ganzen Handflächen über den Rücken des Vierbeiners.
- Führen Sie nun reibende Bewegungen mit beiden Händen aus, und arbeiten Sie sich so sanft und ohne abzusetzen vom Nacken aus den Blasenmeridian (Verlauf → Seite 43 f.) bis hin zur Lende jeweils 20-mal vor und zurück.
- Jetzt wird mit beiden Händen quer zur Wirbelsäule der Rücken gerieben. Beginnen Sie wieder beim Nacken, und arbeiten Sie sich zur Lende vor. Wiederholen Sie die Anwendung 20-mal.
- Danach rollen Sie Ihre leicht gekrümmten Hände, die Sie jeweils seitlich von der Wirbelsäule platzieren, je 20-mal den Rücken entlang.
- Führen Sie von der Lende aus bis hin zum Nacken entlang der Wirbelsäule mit beiden Händen eine Druckmassage durch, machen Sie das Ganze 20-mal. Versuchen Sie, die lokalen Schmerzpunkte (auch AhShi-Punkte genannt) aufzuspüren, und drücken Sie diese je 30-mal. Ihr Liebling wird hierbei sicher unruhig werden, versuchen Sie, ihn zu beruhigen, und fahren Sie dann fort. Sprechen Sie ihm während der Anwendung immer wieder gut zu.
- Klopfen Sie nun die seitlichen Bereiche entlang der Wirbelsäule gleichzeitig mit beiden Händen 20-mal ab. Das gleiche Prozedere erfolgt anschließend mit schlagender und dann mit trommelnder Technik.

- Zum Schluss wird die Muskulatur, seitlich der Wirbelsäule beginnend, im Lendenbereich bis zum Nacken je 20-mal gezupft und gekniffen.
- Streichen Sie den Rücken 20-mal beidhändig aus.
- Decken Sie danach den Rumpf Ihrer Katze/Ihres Hundes mit einer Decke zu, damit dieser nicht auskühlt.
- Dann widmen Sie sich der Massage der Hinterbeine.
- Umfassen Sie das linke Hinterbein mit beiden Händen, und massieren Sie es mit reibenden Bewegungen vom Sprunggelenk aus bis zum Oberschenkel und zurück. Wiederholen Sie die Anwendung 20-mal.
- Reiben Sie das reche Hinterbein wie eben das linke.
- Führen Sie entlang des Gallenblasenmeridians gleichzeitig an beiden Oberschenkeln (Verlauf → Seite 52) eine Druckmassage durch, und drücken Sie die Punkte jeweils 30-mal.
- Die Unterschenkel massieren Sie mit kneifenden Griffen je 20-mal durch. Beginnen Sie mit dem linken Unterschenkel.
- Zunächst wird der linke, dann der rechte Unterschenkel je 20-mal gezwirbelt.
- Klopfen Sie Rücken, Lenden und die Hinterbeine mit der Handfläche oder den Fingerspitzen ab.
- Massieren Sie zum Abschluss beide Ohren jeweils etwa 20 Sekunden sanft durch, vom Ansatz am Kopf bis in die Spitzen, und streichen Sie dann den Körper hin zu den Gliedmaßen sanft aus.
- Decken Sie Ihren Liebling zu, und verweilen Sie einige Minuten an seiner Seite, oder lassen Sie ihn allein. Hauptsache, er fühlt sich wohl und kann in Ruhe nachspüren.

Qi Gong

Tiere aller Art brauchen ganz klar ausreichend Bewegung und Auslauf, um gesund und geistig fit zu bleiben. Sie stärkt die Abwehr, hält Muskeln, Sehnen, Gelenke, Knochen sowie Nerven in Schuss und kurbelt Kreislauf und Stoffwechsel an. Bewegungsmangel verursacht Energieblockaden, die mittels Qi Gong aufgelöst werden können. Das bedeutet allerdings nicht, dass Qi Gong die körperlichen Trainingseinheiten ersetzt!

Qi Gong ist Bewegung in Meditation. Nun werden Sie sich wundern, weshalb die chinesische Heilgymnastik in einem Buch für Haustiere Erwähnung findet. Die Antwort ist ganz einfach: Egal ob Hund, Katze, Kaninchen oder Pferd, Tiere sind wie der Mensch Teil der Natur. Sie sind im Gegensatz zum vom Alltagsstress gebeutelten Menschen sehr empfänglich für Energien. Wenn also das Frauchen oder Herrchen konzentriert Qi Gong ausführt und sich auf die hierdurch fließenden Energien einlässt, bekommt das der Vierbeiner unmittelbar mit, wird sich dazugesellen und so Teil des Energiefeldes. Mensch und Tier befinden sich dann im Energieeinklang. Das fördert nicht nur die energetische Heilung beider, sondern stärkt ebenso deren Beziehung zueinander. Als besonders günstig hat sich hier die Zhineng-Qi- Gong-Methode erwiesen, bei der zunächst ein Qi-Kraftfeld aufgebaut wird.

Was ist Zhineng Qi Gong?

Das Anhängsel »Qi Gong« gibt bereits einen ersten Hinweis, worum es sich bei Zhineng Qi Gong handelt: heilgymnastische Übungen aus der chinesischen Gesundheitslehre, die der Aktivierung der Lebensenergie Qi dienen. Jedwede Art von Qi Gong – sei es Tai Chi Quan, Duftendes Qi Gong oder eben Zhineng Qi Gong – ist Meditation, Heilgymnastik und Kampfsport zugleich. Sie spendet Ruhe, beschwingt die Seele und kräftigt den Körper. Qi Gong fördert die Konzentration und verhilft zu mehr Ausgeglichenheit sowie Leichtigkeit. Auf körperlicher Ebene beeinflusst es Organe, Hirnfunktion, Immun-, Blutgefäß- und vegetatives Nervensystem sowie das endokrine System günstig und stärkt Haut, Sehnen und Knochen. Durch regelmäßiges Training nimmt man schließlich den eigenen Körper besser und vor allem anders wahr.

Neben diesen allgemeinen Wirkungen lässt sich durch bestimmte Übungen gezielt das Qi in spezifischen Körperbereichen stimulieren und in Balance bringen. Auf diese Weise können die Selbstheilungskräfte bei einigen Indikationen noch intensiver aktiviert werden. Beispiele hierfür sind unter anderem Verdauungsbeschwerden, Schlafstörungen und vieles mehr.

Zhineng Qi Gong hat seine Wurzeln in den 1980er-Jahren. Es ist eine Art Kondensat aller zum damaligen Zeitpunkt bereits existierenden Qi-Gong-Formen und wurde vom chinesischen TCM-Arzt und Großmeister Pang Ming im Auftrag des chinesischen Gesundheitsministeriums initiiert. Diese Mischform des Qi Gong gliedert sich in drei Elemente:

1. Das Qi anheben und ausgießen: Dabei wird bewusst mit dem Qi gearbeitet, neues Qi aufgenommen und krankes Qi abgegeben.

2. Körper und Geist trainieren: Hier werden bestimmte Bewegungsabläufe in meditativem Zustand ausgeführt und so alle Zellen mit harmonischem Qi geflutet. Der Geist ruht dabei in sich, Muskeln, Sehnen und Knochen werden beweglicher und das Qi kommt in Balance.

3. Organe-Qi-Gong: Das Qi durchströmt nun auch die tief sitzenden Organe, die schließlich in ein energetisches Gleichgewicht gebracht werden.

Wie bei anderen Qi-Gong-Übungen auch wird beim Zhingeng Qi Gong durch Achtsamkeit die Verbindung zwischen Körper, Geist und Seele wiederhergestellt und das Qi zum Fließen gebracht. In der Folge stellt sich ein Wohlgefühl ein – auch bei Ihrem Vierbeiner, wenn er sich dabei in Ihrer Nähe befindet. Erfahrungsgemäß muss man sein Haustier gar nicht herbeirufen, wenn man mit den Übungen beginnt. Sie kommen ganz von allein, da sie die energetischen Schwingungen genießen, aufnehmen und diese ebenso fördern.

Qi-Gong-Handbücher mit Anleitungen sind eine gute Orientierungshilfe, um sich mit den Übungen vertraut zu machen. Verzichten Sie jedoch nicht auf die Unterstützung einer erfahrenen Meisterin bzw. eines Meisters. Kurse für die Bewegung in Meditation aus Fernost werden nicht nur in speziellen Qi-Gong-Schulen, sondern inzwischen auch in Volkshochschulen oder Fitnessstudios angeboten.

Tiere spüren das Qi-Feld

Die Urkraft Qi umhüllt und erfüllt den Makrokosmos ebenso wie den Mikrokosmos und verbindet so das Universum mit der Natur, zu der alle Pflanzen und Lebewesen gehören. Speziell im Zhineng Qi Gong wird die Verbindung zur Umwelt durch die unsichtbare Materie bewusst aufgerufen.

Hierfür werden nachfolgende Verse, die sogenannten Ding Tian Li Di, gesungen oder gesprochen. In der Regel macht dies der Meister und baut so das Energiefeld auf:

Der Kopf berührt den blauen Himmel,
und die Füße wurzeln tief in der Erde unter dir.
Nach außen hin wirkst du respektvoll,
innerlich bist du ruhig und still.
Dein Herz ist klar, die Erscheinung demütig.
Dein Geist dehnt sich aus zum Universum.
Geist und Bewusstsein durchströmen klar deinen Körper.
Dein ganzer Körper ist in Harmonie mit Qi.

Zusätzlich wird dabei die akute Motivation für das Qi Gong in Gedanken in das Energiefeld eingebracht. Dies kann unter anderem zur Heilung einer Beschwerde, zur generellen Gesundheitspflege oder auch zur Beruhigung eines nervösen Geistes sein.

Der Mensch interagiert dabei mit dem Energiefeld auf der Bewusstseinsebene, während das Tier dieses durch seine Energien speist. Sie werden staunen, wie sich Ihr Vierbeiner darauf einlässt und so seine Lebensenergie in Balance bringt. Sogar ansonsten nervöse Haustiere kommen hier zur Ruhe.

Das Haustier aktiv miteinbeziehen

Sie können Ihr Haustier nicht nur miteinbeziehen, indem sie das Qi-Feld mit ihm teilen. Es gibt noch eine weitere Methode: die direkte Übertragung des Qi-Flusses.

Hierfür wenden Sie La Qi an (»das Qi ziehen«). Dabei werden die Hände langsam und in gleichmäßigen Bewegungen im Wechsel geschlossen und geöffnet. So wird Qi in den Handflächen über die Laogong-Punkte aufgenommen und im Organismus angesammelt. Beinahe wie Magneten ziehen sich die Handflächen währenddessen an, um sich dann wieder abzustoßen. Auch hier verbinden Sie sich gedanklich mit dem Ur-Qi des Universums, das die Chinesen Hunyuan Qi nennen. Die Lebensenergie macht sich dabei in den Händen durch Kribbeln und/oder Wärme bemerkbar.

Sie können diese Energie an Ihr Tier über die Laogong-Punkte weitergeben, indem Sie Ihre Handflächen auf das erkrankte Körperareal Ihres Vierbeiners auflegen. Im Westen bezeichnet man diese Praxis häufig als »Healing Touch«. Erlernen lässt sie sich in speziellen Zhineng-Qi-Gong-Kursen. Hierbei werden Ihre Tiere in der Regel miteingebunden.

EXTRA Pferd

Natürlich gelten die Ausführungen über die Organuhr und die TCVM nicht nur für Hunde und Katzen, sondern auch für alle anderen Tierarten. Unterschiede bestehen vor allem bezüglich der Lage der Akupunkturpunkte an den Gliedmaßenspitzen (z. B. haben Pferde nur eine Zehe) und bezüglich der Ernährung (z. B. sind Pferde reine Pflanzenfresser). Hier finden Sie wertvolle Hinweise, wie Sie die TCM auch bei Ihrem Pferd erfolgreich anwenden können.

Besonderheiten der Organuhr

Pferde entsprechen besonders häufig den Wandlungsphasen Metall (Lunge-Dickdarm), Holz (Leber-Gallenblase) und Feuer (Herz-Dünndarm). Nach der Organuhr unterliegt der rhythmische Fluss des Qi Schwankungen – das Qi zirkuliert nicht gleichmäßig in den Organen und Meridianen, sondern kennt Zeiten stärkerer und schwächerer Aktivität, sogenannte Hoch- und Ruhephasen. In den Ruhephasen durchfließt es die zugehörigen Organe zwischen 15 und 19 Uhr (Lunge-Dickdarm), 23 und 3 Uhr (Herz-Dünndarm) und 11 bis 15 Uhr (Gallenblase und Leber).

Sollte Ihr Tier dem **Metall-Typus** angehören und immer wieder unter chronischen Atemwegserkrankungen leiden, sollten Sie ihm nachmittags zwischen 15 und 19 Uhr möglichst Ruhe gönnen oder aber eine Heilbehandlung, während Sie Ihre Reit-, Fahr- oder Bodenarbeitszeiten lieber auf den Vormittag legen sollten.

Für Pferde vom **Holz-Typus** liegt die optimale Ruhe- und Behandlungsphase folglich zwischen 11 und 15 Uhr, während eher am frühen Morgen oder späten Nachmittag gearbeitet werden sollte.

Bei Feuer-Pferden spielt die Anpassung Ihrer Reit-, Fahr- oder Bodenarbeitszeiten eine untergeordnete Rolle, weil ihre optimale Ruhezeit in der Nacht liegt. Diese Ruhezeit ist wichtig. Beim **Feuer-Typus** sollten Sie Behandlungen deshalb nicht in der Nacht vornehmen, lieber zwischen 7 und 9 Uhr morgens, während das Qi durch den Perikard-Meridian fließt, der eine schützende Funktion für das Herz hat und über den wir positiven Einfluss nehmen können.

Auch wenn sich die Anpassung Ihrer Reit- bzw. Fahr- oder Bodenarbeitszeiten umständlich anhört: Probieren Sie bei Ihrem Pferd einfach mal andere Zeiten aus, und beobachten Sie, ob es dann energiegeladener, aufmerksamer, arbeitswilliger und fitter ist oder, im Gegenteil, müde, unlustig und schwach wirkt. Schnell werden Sie feststellen, dass Ihr Pferd einem täglichen Biorhythmus unterliegt und Ihnen beiden die gemeinsame Beschäftigung mehr Freude macht, wenn Sie Ihren Tagesrhythmus danach ausrichten.

Wichtige Akupunkturpunkte

Auch beim Pferd haben wir uns auf die Darstellung derjenigen Punkte beschränkt, die einerseits häufig Verwendung finden und andererseits auch für Laien leicht auffindbar sind.

Eine Besonderheit beim Pferd sind die Anfangs- und Endpunkte der Meridiane auf dem Kronsaum, die sogenannten Ting-Punkte (→ Seite 164 f.).

Die Hauptmeridiane

Der Lungenmeridian

LU 1 – Zhongfu: Dieser Punkt wird auch als Alarmpunkt (Mu-Punkt) der Lunge bezeichnet und wird neben der Therapie auch zur Diagnose eingesetzt. Ist die Lunge oder der Lungenmeridian von einer Störung betroffen, ist das Abtasten des Punktes in der Regel schmerzhaft. Er reguliert das Lungen-Qi und vertreibt Schleim, Feuchtigkeit sowie Hitze.
Bevorzugte Anwendungsgebiete: Atemwegserkrankungen und Lahmheiten aus dem Schulterbereich
Lage: an der Vorderbrust, innen neben dem Schultergelenk

LU 5 – Chize: Reduziert Hitze, vertreibt Feuchtigkeit, bringt das Lungen- und das Milz-Pankreas-Qi in Balance.
Bevorzugte Anwendungsgebiete: Schmerzen und Lahmheiten des Ellenbogengelenks, Husten
Lage: in der Ellenbogenbeugefalte, unmittelbar außen neben der Bizepssehne

LU 7 – Lieque: Als Meisterpunkt für Kopf und Hals kann er bei allen Erkrankungen angewendet werden, die diesen Bereich betreffen. Er bringt das Lungen-Qi in Balance, öffnet die Oberfläche, verteilt das Abwehr-Qi (Wei-Qi), vertreibt äußeren Wind und Schleim.

Bevorzugte Anwendungsgebiete: Plötzlich auftretende Atemwegserkrankungen, Schmerzen im Genick, Gesichtslähmung, Lahmheiten des Vorderfußwurzelgelenks und Unterstützung des Dickdarmmeridians

Lage: auf der Innenseite des Vorderbeines, oberhalb der Vorderfußwurzelgelenks-Querfalte in einer kleinen Vertiefung

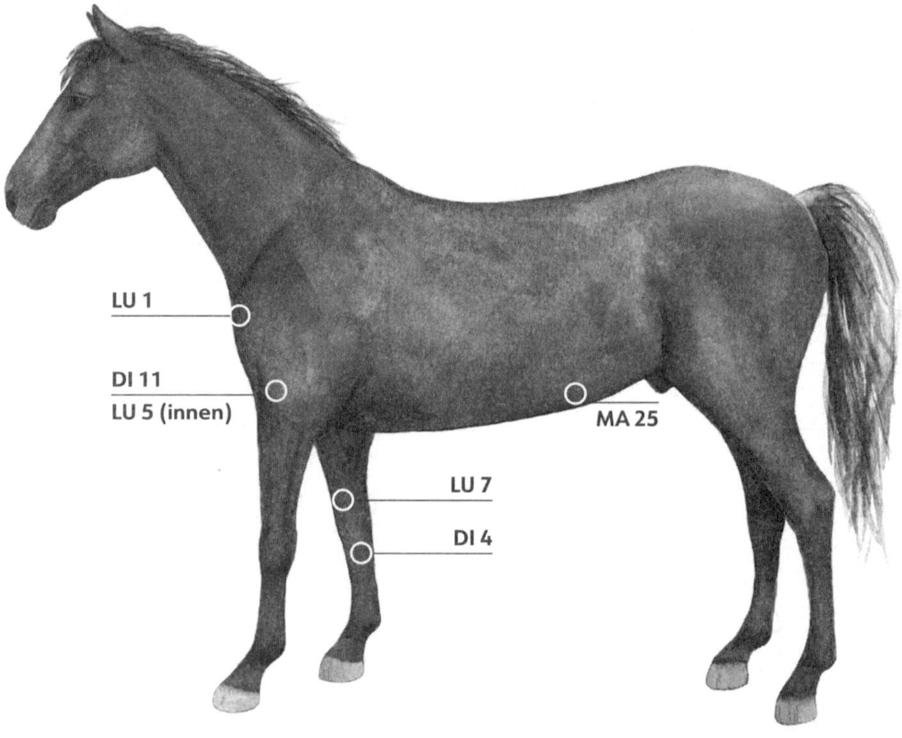

Der Dickdarmmeridian

DI 4 – Hegu: Meisterpunkt für Erkrankungen des Gesichts und der Mundhöhle und einer der wichtigsten schmerzlindernden Punkte; gemeinsam mit der Lunge fördert er das Abwehr-Qi (Wei-Qi), zusätzlich öffnet er die Oberfläche, vertreibt Wind, Kälte und Hitze, stärkt das Lungen-Qi und reguliert den Qi-Fluss.
Bevorzugte Anwendungsgebiete: akute Infektionskrankheiten besonders der Atmungsorgane; Zahnschmerzen, Gesichtslähmung und Lahmheiten jeglicher Ursache
Lage: vor dem inneren Griffelbein, in einer Vertiefung unterhalb des Griffelbeinköpfchens

DI 11 – Quchi: Der Tonisierungspunkt eliminiert Hitze, Feuchtigkeit und Wind jeglicher Ursache und in allen Organen, bringt Qi und Xue in Balance. Letzteres wird zudem gekühlt. Der Punkt öffnet außerdem die Oberfläche, stärkt die Immunabwehr, unterstützt Sehnen und Gelenke.
Bevorzugte Anwendungsgebiete: Lahmheiten und Lähmungen der Vordergliedmaße, Fieber, Halsentzündungen, Hautkrankheiten und zur Immunstimulation
Lage: bei gebeugtem Vorderbein am äußeren Ende der Ellbogenbeugefalte

Der Magenmeridian

MA 25 – Tianshu: Er ist ein allgemeiner Tonisierungspunkt, harmonisiert Qi und das Blut, vertreibt Hitze und Feuchtigkeit aus dem Magen, reguliert Magen, Milz und Darm und lindert dortige Schmerzen und Krämpfe. Dieser Punkt wird auch als Alarm-

punkt des Dickdarms bezeichnet und ist hilfreich bei der Diagnose von Dickdarmerkrankungen.
Bevorzugte Anwendungsgebiete: Magen-Darm-Beschwerden wie Kolik und Durchfall
Lage: circa eine Handbreit seitlich des Nabels

MA 36 – Zusanli: Der Meisterpunkt für den Bauch und die Verdauungsorgane kann bei allen Erkrankungen in diesem Bereich verwendet werden. Als allgemeiner Tonisierungspunkt stärkt er das Magen- und Milz-Qi, tonisiert Qi und das Blut, transformiert Feuchtigkeit und lindert Schmerzen in Magen, Knie und Bein.
Bevorzugte Anwendungsgebiete: allgemeine Schwäche, Magengeschwür, Kolik, Durchfall, Lahmheiten der Hintergliedmaße
Lage: unterhalb des Knies außen neben der Schienbeinkante, in einer flachen Vertiefung oberhalb des Muskels

MA 40 – Fenglong: Bewegt Schleim, Nässe und Hitze.
Bevorzugte Anwendungsgebiete: Schmerzen, Lahmheiten und Lähmungen der Hintergliedmaße, Husten, Verstopfung, Ödeme und Unterstützung der Milz
Lage: an der Außenseite des Unterschenkels, in der Mitte zwischen Knie und Sprunggelenk, in einer flachen Delle mitten auf dem Muskel

Der Milz-Pankreas-Meridian

MP 6 – Sanyinjiao: Dieser Punkt wird auch als Meisterpunkt des hinteren Bauchraumes und des Urogenitaltraktes bezeichnet und kann bei allen Erkrankungen in diesem Bereich ge-

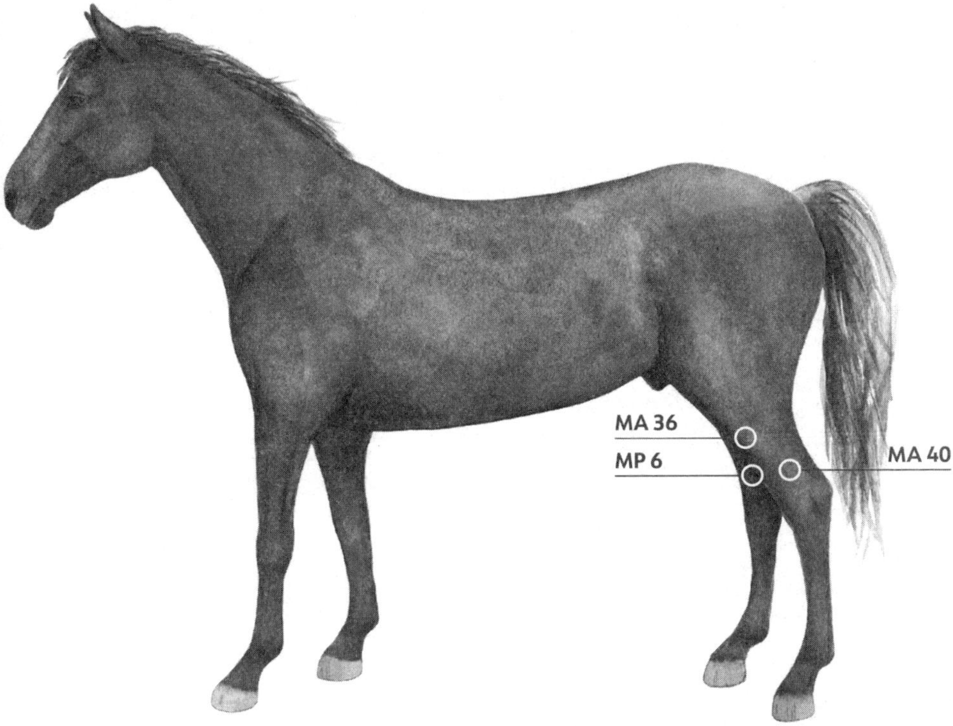

nutzt werden. Er transformiert Feuchtigkeit und Schleim, kühlt und bewegt das Blut, stärkt das Milz-Qi und das Nieren-Yin, ist wirkungsvoll bei Erkrankungen von Nieren und Leber und hat tonisierende (kräftigende) Wirkung bei chronischer Müdigkeit.

Bevorzugte Anwendungsgebiete: Geburtshilfe, alle Erkrankungen des Magen-Darm-Traktes und des Urogenital-Traktes, Immunstimulierung

Lage: an der Innenseite des Unterschenkels, etwas oberhalb des Sprunggelenks, circa auf ¼ der Strecke zwischen Sprunggelenk und Knie

MP 9 – Yinlingquan: Vertreibt unter anderem Nässe (Feuchtigkeit und Wasseransammlungen) im Unterleib sowie Kälte, stärkt die Milz und die Urogenitalorgane und reguliert Milz und Magen.
Bevorzugte Anwendungsgebiete: Durchfall, Erkrankungen des Urogenital-Traktes, unregelmäßiger Zyklus, Hauterkrankungen, Lahmheiten und Schmerzen des Beckens
Lage: an der Innenseite direkt unterhalb des Kniegelenks, in einer kleinen Delle hinter dem Schienbeinknochen

MP 10 – Xuehai: Reguliert, nährt und kühlt das Blut (Xue), wirkt Blutungen entgegen, reguliert den Zyklus, schafft Abhilfe bei Fruchtbarkeitsstörungen sowie Uterusblutungen, stärkt die Milz und vertreibt Feuchtigkeit.
Bevorzugte Anwendungsgebiete: Schmerzen und Lahmheiten des Kniegelenks, unregelmäßiger Zyklus, Blutungen der Gebärmutter, Allergien und Entzündungen der Haut
Lage: auf der Oberschenkelinnenseite oberhalb der Kniescheibe, dort, wo der Muskel anfängt

Der Herzmeridian

Der Herzmeridian wird nur sehr selten zur Therapie genutzt. Wenn möglich wird das Organ bzw. der Meridian über die gekoppelten Meridiane oder über den Perikard-Meridian behandelt.
HE 7 – Shenmen: Dieser Punkt beruhigt den Geist, stärkt und nährt das Herz-Xue, tonisiert das Qi.
Bevorzugte Anwendungsgebiete: Schmerzen und Lahmheiten aus dem Karpalgelenk, Ängstlichkeit
Lage: an der Hinterseite des Vorderbeines, oberhalb des Vorderfußwurzelgelenks an der Innenseite der Beugesehne

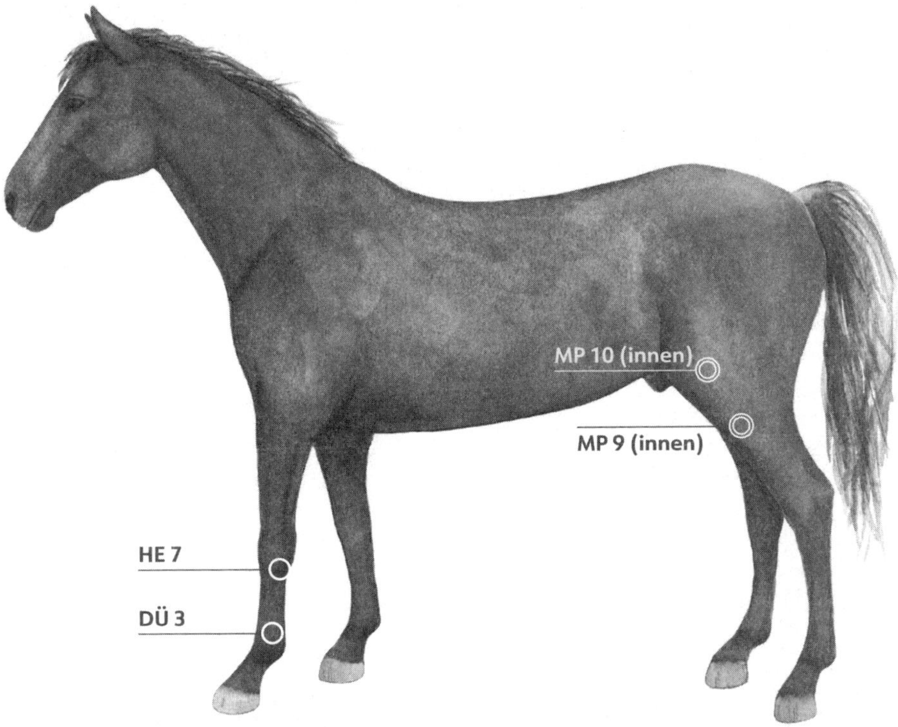

Der Dünndarmmeridian

DÜ 3 – Houxi: Der Punkt beruhigt den Geist und löst Hitze auf. Er öffnet das Lenkergefäß und beeinflusst darüber die Wirbelsäule günstig.
Bevorzugte Anwendungsgebiete: Schmerzen und Lahmheiten aus dem Vorderfußwurzelgelenk, Sehnenerkrankungen, Hufrehe, Erkrankungen und Schmerzen der Wirbelsäule
Lage: an der Außenseite des Röhrbeins zwischen Fesselgelenk und unterem Ende des Griffelbeins

Der Blasenmeridian

BL 10 – Tianzhu: Er vertreibt äußeren und inneren Wind, beseitigt Obstruktionen der Leitbahn.
Bevorzugte Anwendungsgebiete: Lahmheiten und Schmerzen von Genick, Schulter und Rücken
Lage: seitlich am Hals zwischen 1. und 2. Halswirbel

BL 40 – Weizhong: Der Meisterpunkt für Rücken, Hüfte und Lendenregion kann bei allen schmerzhaften Erkrankungen und Lähmungserscheinungen in diesem Bereich angewendet werden. Er beseitigt Nässe und Hitze aus Blase, Xue und Haut.

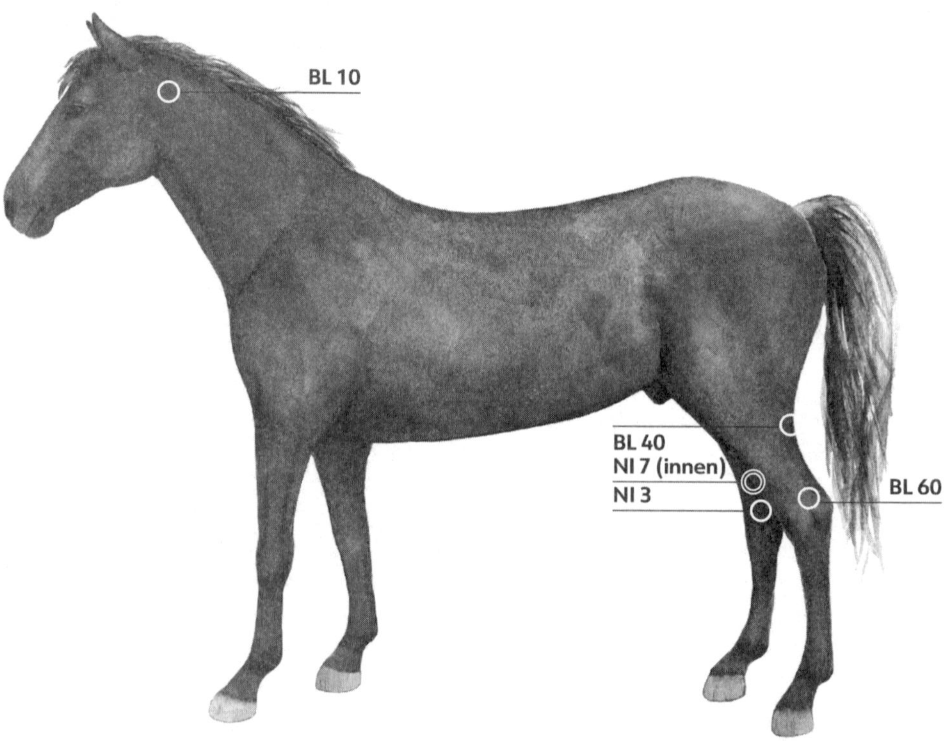

Bevorzugte Anwendungsgebiete: Schmerzen von Rücken, Lendenbereich und Knie, Entzündungen der Harnwege und Harninkontinenz
Lage: genau in der Mitte der Kniekehle

BL 60 – Kunlun: Senkt das Yang und löst Wind sowie Hitze auf.
Bevorzugte Anwendungsgebiete: Erkrankungen der Harn- und Geschlechtsorgane, Schmerzen und Lahmheiten aus dem Sprunggelenk
Lage: auf der Außenseite des Hinterbeines, im unteren Ende der Grube vor der Achillessehne; auf der Innenseite liegt dort Niere 3, sodass die beiden Punkte gut gemeinsam stimuliert werden können

Der Nierenmeridian

NI 3 – Taixi: Dieser Punkt nährt die Niere, tonisiert die Essenz Jing, reguliert die Uterusfunktion und vertreibt Kälte. Häufig genutzter Punkt bei sehr jungen und sehr alten Tieren.
Bevorzugte Anwendungsgebiete: Entzündungen der Harnwege, Nierenfunktionsstörung, Geburtshilfe, Fruchtbarkeitsstörungen, Husten, Lähmungen der Hintergliedmaße, Schmerzen und Lahmheiten des Sprunggelenks
Lage: auf der Innenseite des Hinterbeines, im unteren Ende der Grube vor der Achillessehne; auf der Außenseite liegt Blase 60, sodass die Punkte häufig gemeinsam stimuliert werden

NI 7 – Fuliu: Fuliu gleicht den Säftehaushalt aus, unterstützt Nieren, stärkt Nieren-Yang. Er klärt feuchte Hitze.
Bevorzugte Anwendungsgebiete: Schmerzen und Lahmheiten des

Sprunggelenks, Geburtshilfe, Ängstlichkeit, Entzündungen der Harnwege
Lage: auf dem Hinterbein in der Innenseite, am Vorderrand der Achillessehne, an ihrem oberen Ende, bevor sie sich zum Muskel verdickt

NI 27 – Shufu: Dieser Punkt unterstützt die Niere dabei, Qi zu empfangen und löst Schleim.
Bevorzugte Anwendungsgebiete: Erkrankungen der Atemwege, Steigerung der Immunabwehr
Lage: im Dreieck, das Brustbeinspitze und erste Rippe bilden

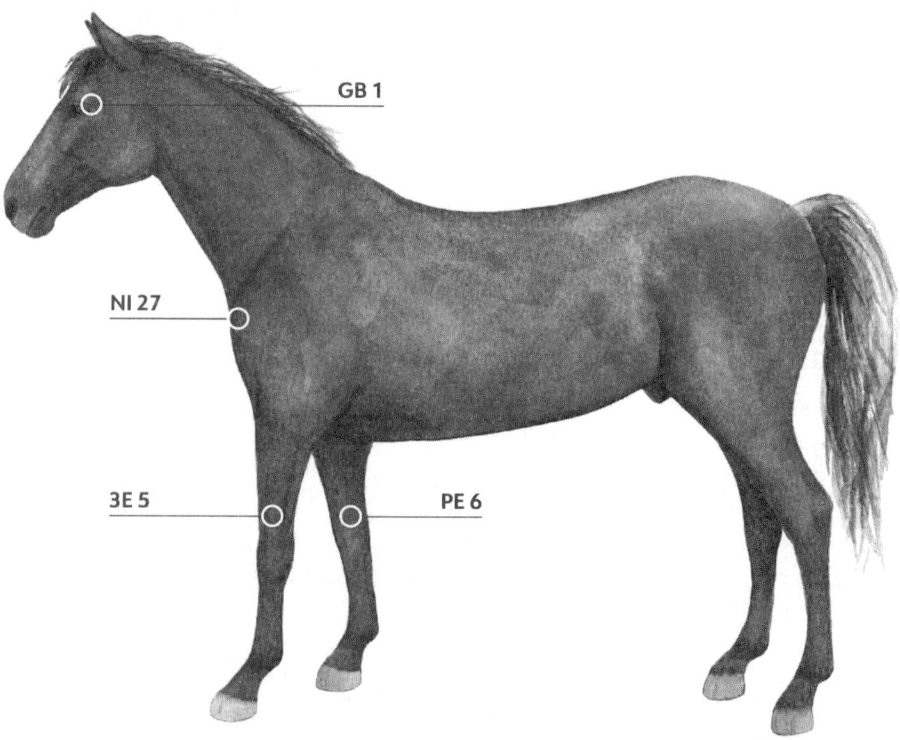

Der Perikardmeridian

PE 6 – Neiguan: Mittels dieses Punktes können Xue und Qi im Brustkorb bewegt werden. Ebenso sorgt er für Bewegung des Leber-Qi, eliminiert Hitze und harmonisiert die Mitte. Er ermöglicht die Öffnung des Brustkorbs, beruhigt und klärt den Geist und reguliert den Kreislauf.
Bevorzugte Anwendungsgebiete: Erkrankungen im Bereich des Brustkorbes, Herzerkrankungen, Schmerzen und Lahmheiten der Schulter; Magenschleimhautentzündung
Lage: direkt vor der Kastanie der Vordergliedmaße

Der Dreifache-Erwärmer-Meridian

3E 5 – Waiguan: Beseitigt alle äußeren pathogenen Faktoren und befreit die Oberfläche; er unterdrückt das Leber-Yang.
Bevorzugte Anwendungsgebiete: Schmerzen, Lähmungen und Lahmheiten von Genick und Vordergliedmaßen, Erkrankungen der Magen-Darm- und Atmungsorgane, Geburtshilfe
Lage: auf der Außenseite des Unterarms etwas oberhalb des Vorderfußwurzelgelenks, zwischen Elle und Speiche, in einer Vertiefung ungefähr auf ⅙ der Strecke zwischen Vorderfußwurzelgelenk und Ellenbogen

Der Gallenblasenmeridian

GB 1 – Tongziliao: Dieser Punkt besänftigt Feuer und eliminiert Wind-Hitze.
Bevorzugte Anwendungsgebiete: Bindehautentzündung, Hornhautentzündung und andere Augenerkrankungen, Hitzschlag
Lage: am äußeren Augenwinkel

GB 20 – Fengchi: Vertreibt äußeren und inneren Wind, Wind-Hitze und Wind-Kälte. Er wird deshalb häufig bei sehr plötzlich auftretenden Erkrankungen aller Art eingesetzt
Bevorzugte Anwendungsgebiete: Erkrankungen von Augen und Ohren, Krämpfe, akute Infektionskrankheiten, Schmerzen im Genick, Fieber
Lage: an der Vorderkante der seitlichen Flügel des ersten Halswirbels

GB 24 – Riyue: Dieser Punkt hat eine günstige Wirkung auf die Gallenblase, unterstützt den Gallenfluss und verteilt Leber-Qi, harmonisiert den mittleren Erwärmer, eliminiert Hitze sowie Nässe in der Gallenblase und bekämpft rebellierendes Qi.
Bevorzugte Anwendungsgebiete: Bauchschmerzen, Lebererkrankungen, Schmerzen im Lendenwirbelbereich
Lage: im vierten ICR (= Intercostalraum = Zwischenrippenraum) von hinten, auf Höhe des Übergangs von knochigem und knorpeligem Anteil der Rippen; diesen Übergang kann man ertasten

Der Lebermeridian

LE 3 – Taichong: Dieser Punkt harmonisiert das Leber-Qi und kühlt das Blut-Xue. Er senkt das Leber-Yang und leitet inneren und äußeren Wind aus. Des Weiteren hat er eine stark krampflösende Wirkung.
Bevorzugte Anwendungsgebiete: krampfartige Erkrankungen besonders der Genitalorgane, Augenerkrankungen, Schmerzen und Lahmheiten des Sprunggelenks
Lage: an der Innenseite des hinteren Röhrbeins auf Höhe des unteren Endes des Griffelbeins

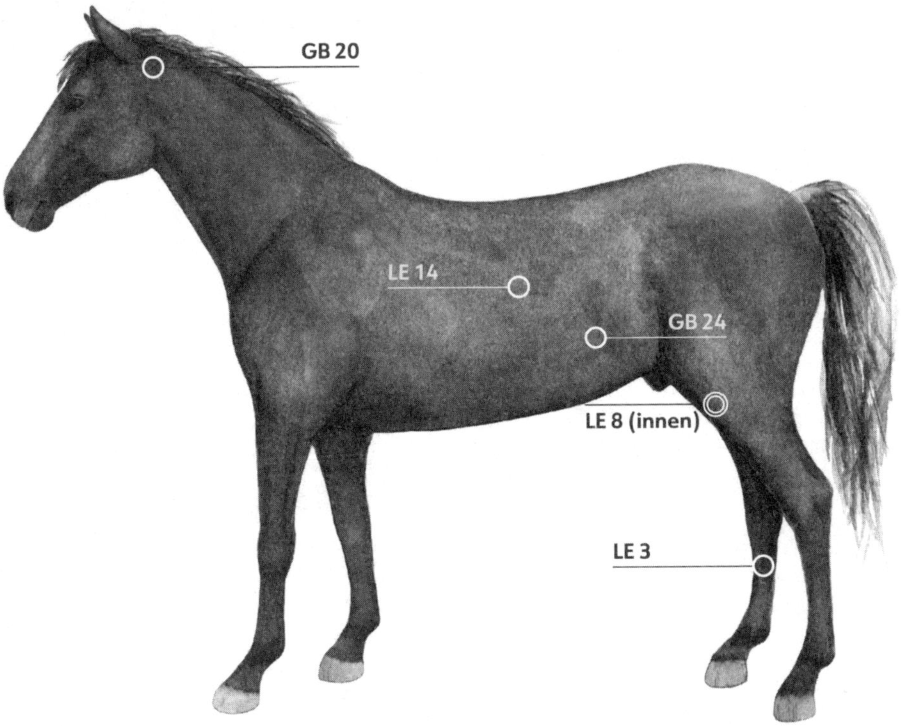

LE 8 – Ququan: Der Punkt, der vor allem die Genitalien unterstützt, nährt das Leber-Xue, stärkt die Harnblase sowie Yin, vertreibt Hitze und Feuchtigkeit aus dem unteren Erwärmer und reguliert das Leber-Qi.

Bevorzugte Anwendungsgebiete: Schmerzen im hinteren Bauchraum, Gebärmuttervorfall, Schmerzen und Lahmheiten des Knies

Lage: am inneren Ende der Kniegelenksfalte

LE 14 – Qimen: Der Alarmpunkt der Leber stärkt das Qi und Yin der Leber, fördert den weichen Fluss des Leber-Qi und kühlt Xue.

Bevorzugte Anwendungsgebiete: Lebererkrankungen, Muskelentzündung, Muskelschmerzen
Lage: auf der Verbindungslinie zwischen Schulter und Hüftgelenk, im 5. Zwischenrippenraum von hinten

Die außerordentlichen Gefäße

Die Aufgabe der außerordentlichen Gefäße besteht darin, Qi-Mangel oder -Überschuss in den Hauptleitbahnen auszugleichen. Sie stehen nicht direkt mit den Organen in Verbindung, tauchen auch nicht in der Organuhr auf und müssen über spezifische Schlüsselpunkte auf den Hauptmeridianen aktiviert werden, da sie keine eigenen Reizpunkte besitzen – das Lenkergefäß/Ren Mai und das Konzeptionsgefäß = Dienergefäß/Du Mai bilden hier eine Ausnahme.

Hinweis

Die außerordentlichen Gefäße sind zwar nicht Teil der Organuhr, dennoch ist ihre Anwendung bei einigen Störungen anderer Organe sinnvoll.

Das Lenkergefäß

Bai Hui: Dieser Punkt existiert nur in der Traditionellen Chinesischen Tiermedizin und ist die Übertragung des Punktes LG 20 des Menschen. LG 20 des Menschen befindet sich mitten auf dem Kopf, an der höchsten Stelle des Körpers. Stehen unsere Vierbeiner in entspannter, natürlicher Haltung, ist der Kopf nicht (immer) die höchste Stelle des Körpers, sondern der hintere Rücken. Dieser schmerzstillende und Wärme spendende Punkt reguliert

Leere und Kälte im unteren Körperbereich. Er eliminiert Wind sowie Wind-Feuchtigkeit und hilft bei kältebedingten Beschwerden im unteren Erwärmer wie Zyklusstörungen, Schwäche und Lähmungen der Hinterläufe.
Bevorzugte Anwendungsgebiete: jede Art von Schmerzen, Lahmheit und Lähmung der Hintergliedmaße und der Lendenwirbelsäule
Lage: auf der Mittellinie des Rückens zwischen letztem Lendenwirbel und Kreuzbein; der Abstand zwischen den tastbaren Dornfortsätzen der Wirbelkörper ist dort besonders groß

LG 4 – Mingmen: Allgemeiner Tonisierungspunkt des Yang, vertreibt Kälte und erreicht das Ursprungs-Qi.
Bevorzugte Anwendungsgebiete: Fruchtbarkeitsstörungen, Geburtsprobleme, Inkontinenz, Entzündungen der Harnorgane und Probleme der Lendenwirbelsäule
Lage: auf der Mittellinie des Rückens zwischen den Dornfortsätzen des 2. und 3. Lendenwirbels (von den Lendenwirbeln führen seitlich keine Rippen weg)

LG 20 – Baihui (beim Menschen): Dieser Punkt eliminiert inneren Wind, bewegt Yang und Qi nach oben, stärkt die Sinnesorgane und den Kopf, reguliert die Leber und beruhigt den Geist. Letzteres erklärt seine Wirkung bei Unruhe und Schlafstörungen.
Bevorzugte Anwendungsgebiete: Darm- und Gebärmuttervorfall, Augen- und Ohrenerkrankungen, Schock, immunstimulierend, beruhigend
Lage: auf der höchsten Stelle des Kopfes

Abb. der Punkte → Seite 163

Das Konzeptionsgefäß

KG 4 – Guanyuan: Dieser Punkt wird auch »Alarmpunkt« der Blase genannt und demzufolge unter anderem zur Diagnose von Blasenerkrankungen eingesetzt. Er beseitigt Nässe, Hitze und Kälte aus den Genitalorganen.
Bevorzugte Anwendungsgebiete: Blasenerkrankungen, Geburtshilfe, Nachgeburtsverhaltung
Lage: auf der bauchseitigen Mittellinie, circa ein Fingerbreit vor der Vorderkante des Beckens

KG 12 – Zhongwan: Als Alarmpunkt des Magens ist dieser Punkt bei Erkrankungen desselben häufig schmerzhaft. Er kann zur Therapie fast aller Magen-Darm-Erkrankungen eingesetzt werden.
Bevorzugte Anwendungsgebiete: Kolik, Durchfall, Magengeschwür, Appetitlosigkeit
Lage: auf der bauchseitigen Mittellinie, in der Mitte zwischen Nabel und hinterem Brustbeinende

KG 17 – Shanzhong: Die Stimulation dieses Punktes erleichtert die Atmung bei Herz- und Lungenerkrankungen und gilt deshalb als Meisterpunkt für Atmung und Brustkorb. Zugleich ist er der Alarmpunkt des Pericards und wird zur Diagnose von Störungen in diesem Organ verwendet. Des Weiteren wirkt dieser Punkt psychisch ausgleichend, auch beim Tier.
Bevorzugte Anwendungsgebiete: alle Erkrankungen der Atmungsorgane und des Herzens, Ängstlichkeit, mangelnde Milchbildung
Lage: auf der bauchseitigen Mittellinie, in der Mitte des Brustbeins in einer flachen Delle

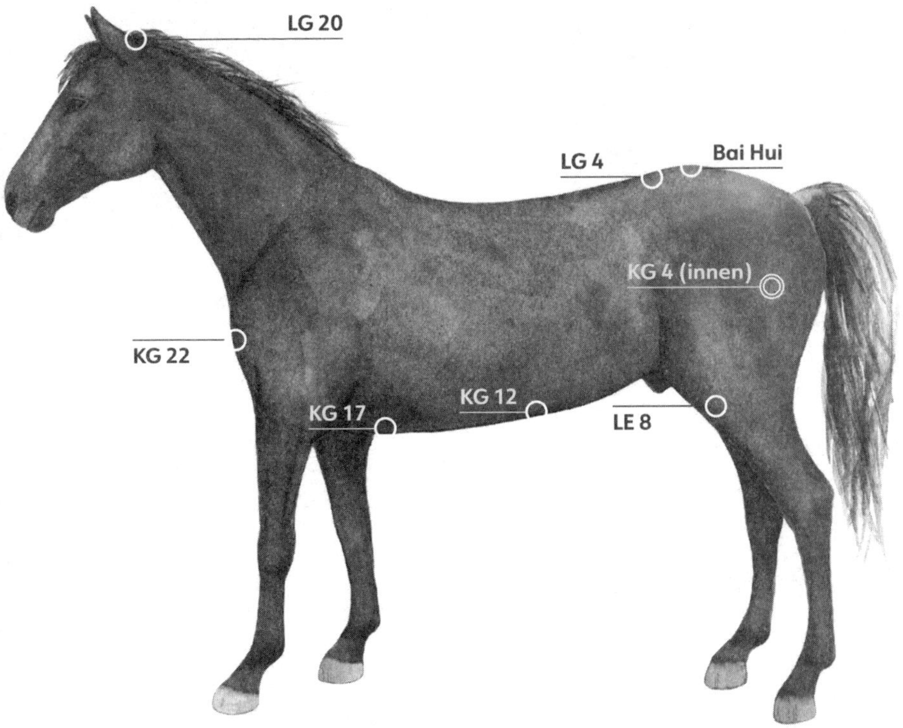

KG 22 – Tiantu: Dieser Punkt fördert das Absteigen des Lungen-Qi und beseitigt Schleim und Hitze.

Bevorzugte Anwendungsgebiete: Halsentzündungen, Kehlkopflähmung

Lage: an der vorderen Brustbeinspitze

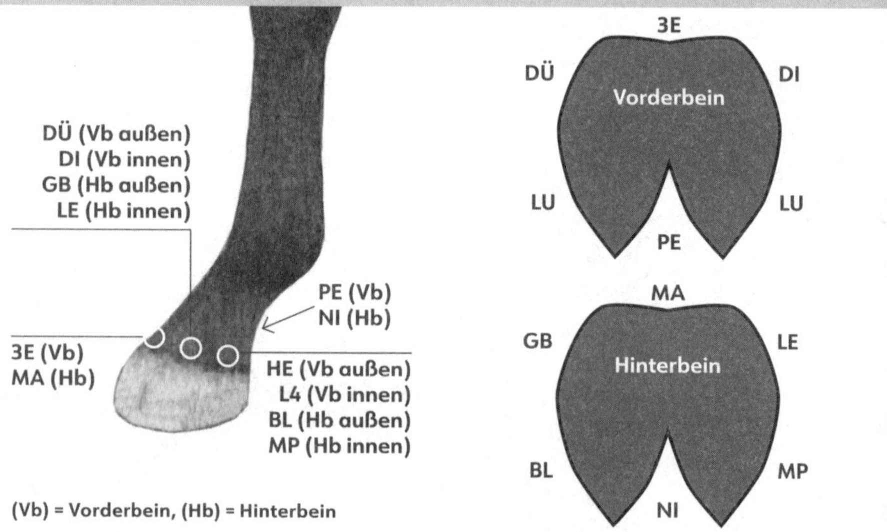

Die Ting-Punkte

Diejenigen End- bzw. Anfangspunkte der Meridiane, die beim Pferd auf dem Kronsaum, bei Hund und Katze auf dem Krallenfalz und beim Menschen am Nagelfalz liegen, werden als Ting-Punkte bezeichnet. Es sind hochreaktive Punke, die einen starken Einfluss auf den gesamten Meridian und das zugehörige Organ haben. Die Akupunktur dieser Punkte ist häufig schmerzhaft.

Beim Pferd haben die Ting-Punkte eine Besonderheit, sie können auch zur Diagnose von Leitbahnstörungen verwendet werden: Dann sind die Ting-Punkte als lokale Vertiefung mit trockener, schuppiger Haut oder als lokale weiche oder harte Erhebung tastbar.

Zehn der zwölf Ting-Punkte liegen auf dem Kronsaum, circa 1 bis 2 Zentimeter oberhalb der Huf-Haar-Grenze und haben einen Durchmesser von ca. 15 mm. Die anderen beiden Ting-

Punkte liegen in der Fesselbeuge auf der rückseitigen Mittellinie. Diese sind der Ting-Punkt für das Perikard an der Vordergliedmaße und für die Niere an der Hintergliedmaße. Von den zehn Punkten auf dem Kronsaum liegen zwei auf der vorderen Mittellinie: Dreifacher Erwärmer (Vordergliedmaße = VGM) und Magen (Hintergliedmaße = HGM). Zwei liegen außen, 1 bis 2 Zentimeter vor dem hinteren Hufende (Herz an der VGM und Blase an der HGM), und zwei innen, 1 bis 2 Zentimeter vor dem hinteren Hufende (Lunge an der VGM und Milz/Pankreas an der HGM). Dort, wo die vordere Hufwand in die seitliche übergeht, findet sich außen an der VGM der Dünndarm-Ting-Punkt, innen an der VGM Dickdarm, außen an der HGM Gallenblase und innen an der HGM Leber. Siehe auch die Abbildungen zu den Ting-Punkten.

Häufige Erkrankungen und mögliche Akupressurbehandlungen

Viele (chronische) Erkrankungen des Pferdes, die mit Mitteln der Schulmedizin nur schwer zu therapieren sind, lassen sich mit der TCVM deutlich verbessern. Hier finden Sie Akupressurkonzepte, die Sie bei einigen dieser Erkrankungen anwenden können.

Chronische Atemwegserkrankungen

Früher unter dem Begriff COPD (chronic obstructive pulmonary disease) zusammengefasst, unterscheidet die Schulmedizin heutzutage zwischen RAO (recurrent airway obstruction), IAD (inflammatory airway disease) und weiteren Formen. In der TCVM beruhen die chronischen Atemwegserkrankungen des

Pferdes auf der Invasion von Wind, Lungen-Qi-Leere, Milz/Pankreas-Qi-Leere oder Nieren-Qi-Leere.

Von den im Buch aufgeführten Punkten sind folgende zur Therapie von chronischen Atemwegserkrankungen besonders geeignet: LU 1, PE 6 und KG 17. Das Abhusten von Schleim kann zusätzlich durch die Punkte MP 6 und MA 40 unterstützt werden.

Durch regelmäßige Akupunktur und Akupressur können bei den betroffenen Patienten die symptomfreien Intervalle verlängert, die Erkrankungserscheinungen gemildert und die Heilung beschleunigt werden.

Hufrehe

Während der akuten Phase der Hufrehe unterstützt eine Therapie der Ting-Punkte die Durchblutung und lindert die Schmerzen. Erfahrene Akupunkteure lassen einen oder mehrere der Ting-Punkte mittels Kanülen bluten, aber auch eine Akupressur der Punkte kann bereits Erleichterung verschaffen. Eine weitere Möglichkeit ist die Anwendung von Blutegeln an den Ting-Punkten.

Während der chronischen Phase einer Hufrehe hängt die Wahl der Akupunkturpunkte von individuellen Leere-Symptomen des Patienten ab, die häufig im Bereich Milz/Pankreas, Leber oder Niere liegen. Der Punkt MP 6 spielt hier eine besondere Rolle, weil sich dort die Meridiane von Milz/Pankreas, Leber und Niere treffen, sodass alle drei positiv beeinflusst werden können.

Kolik

Die Akupressur kann den Besuch des Tierarztes nicht ersetzen, ist als Ergänzung zum Führen des Pferdes im Schritt aber eine wirkungsvolle Möglichkeit, die Wartezeit auf den Tierarzt sinnvoll zu nutzen.

Die Punkte MA 36 und MP 6 eignen sich hier zur Akupressur. Bei einer Kolik mit Verstopfungssymptomen kann man die Punkte Bai Hui, MA 25 und Di 4 oder 11 hinzunehmen. Bei spastischen Koliken und Aufgasungs-Koliken wählt man zur Ergänzung eher die Punkte LE 3 und MA 25.

Die Punkte eignen sich auch bei kolikempfindlichen Pferden zur regelmäßigen Massage (1- bis 2-mal pro Woche), um Koliken vorzubeugen.

Lahmheiten

Bei Lahmheiten kombiniert man in der Regel Nah-Punkte und Fern-Punkte. Nah-Punkte liegen in der Nähe der Lahmheitsursache, z. B. DI 11 und LU 5 bei Lahmheiten aus dem Ellenbogengelenk. Fern-Punkte liegen weit weg von der Lahmheitsursache. Hier kann man auch die Punkte nutzen, die auf der anderen Gliedmaße liegen, also z. B. LU 5 des rechten Vorderbeines, wenn die Lahmheit aus dem Ellenbogengelenk des linken Vorderbeines kommt.

Zur Lokalisation von Lahmheiten können die Ting-Punkte eine wertvolle Hilfe sein. Nach Diagnose des betroffenen Meridians kann man diesen gezielt therapieren.

DI 4 als schmerzstillender Punkt eignet sich bei fast allen Lahmheiten.

Rückenschmerzen

Der Rücken ist bei Reitpferden häufig extremen Belastungen ausgesetzt. Durch Akupunktur und -pressur können Rückenschmerzen gelindert und die Erholung beschleunigt werden. Um die erneute Entstehung von Rückenschmerzen zu vermeiden, sollten mögliche Ursachen, z. B. der Sattel und der Sitz des Reiters, selbstverständlich kontrolliert und gegebenenfalls korrigiert werden.

Geeignete Akupunktur- und Akupressurpunkte sind DÜ 3, BL 40 und Bai Hui.

Ernährung nach den fünf Elementen

Wie auch beim Kleintier sollte der Hauptteil des Futters neutral und leicht süß sein, während die Extreme heiß und kalt vermieden werden. Wiesengras und -heu gelten, solange sie nicht vorwiegend aus Kräutern bestehen, als neutral und leicht süß (Erde). Die folgende Tabelle kann als Hilfsmittel dienen, um eine balancierte Fütterung im Sinne der TCVM für Ihr Pferd zusammenzustellen. Wie man sieht, gibt es nicht für jede Kombination aus Geschmacksrichtung und thermischen Eigenschaften Futtermittel für das Pferd. Hier muss man gegebenenfalls auf Kräuter zurückgreifen. Aus diesem Grund enthält die folgende Tabelle auch einige Kräuter. Ein typisches Beispiel sind Pferde vom Metall-Typ, die empfindlich auf Kälte reagieren. Hier lohnt es sich, besonders im Herbst und Winter das Futter durch warm wirkende Kräuter zu ergänzen.

	kalt	kühl	neutral	warm	heiß
Holz (sauer)	Weizen-kleie	Weizen Apfel Melisse	Dinkel	Grünkern	
Feuer (bitter)	Spitzwege-rich Weiden-rinde	Buchweizen Pfeffer-minze	Roggen Rote Bete		Paprika
Erde (süß)	Banane Gurke	Birne	Gerste Mais Möhre Leinsamen	Hirse Fenchel	
Metall (scharf)		Pfeffer-minze Melisse	Hafer	Thymian Fenchel-samen Salbei	Ingwer Zimt
Wasser (salzig)	Meeres-algen	Kicher-erbsen	Erbsen		

Ausgewählte Heilkräuteranwendungen

Die unten beschriebenen Heilkräuter können beim Pferd in getrockneter Form über das Futter oder vorher mit kochendem Wasser übergossen und nach 10 Minuten Ziehzeit über das Futter gegeben werden. Soweit nicht anders angegeben, werden circa 5 g pro 100 kg Körpergewicht verabreicht. Ein Pferd, das 500 kg wiegt, erhält also 25 g pro Tag. Die Tagesmenge sollte auf drei Portionen verteilt werden

Atemwegserkrankungen

Zur Unterstützung der Schleimlösung eignet sich Thymiankraut (Thymus vulgaris; scharf, warm); bei eingedrungener Kälte gern auch in Kombination mit Fenchelsamen (Foeniculum vulgare; scharf plus süß, warm).

Erkrankungen des Bewegungsapparates

Zur schmerzlindernden und entzündungshemmenden Behandlung von Erkrankungen des Bewegungsapparates eignen sich Weidenrinde (Salix daphnoides, fragilis oder purpurea; bitter und kalt). Bei Arthrose und anderen chronischen Lahmheiten, die mit Leere und Kälte einhergehen, eignet sich die Wurzel der Teufelskralle besonders gut (Haroagophytum procumbens, scharf und warm).

Kolik

Zur Vorbeugung und Nachbehandlung von spastischen Koliken und Gaskoliken eignen sich Fenchelsamen (Foeniculum vulgare; scharf plus süß, warm). Zur Vorbeugung und Nachbehandlung von Verstopfungen eignet sich Leinsamen (Linum ussitatissium; süß, neutral): Die Dosierung beträgt hier 10 g pro 100 kg Körpergewicht. Der Leinsamen wird mit kaltem Wasser angesetzt und für mindestens 30 Minuten eingeweicht, sodass ein Schleim entsteht.

Service

Literaturhinweise

S. Gajdoss: Kleintierfütterung aus Sicht der TCM, Zeitschrift für Ganzheitliche Tiermedizin, 2014, 28 (2); 50–53

N. Lauer, Li Wu: Praxisbuch Energiemedizin, G & U 2014

Ch. Matern: Taschenatlas Akupunktur bei Hund und Katze, Sonntag-Verlag 2010

U. Ochsenbauer und S. Hauswirth: Traditionelle Chinesische Medizin für Hunde, Kosmos 2010

A. M. Schoen: Akupunktur in der Tiermedizin, Urban und Fischer Verlag 2008

Ch. Schwartz: Traditionelle Chinesische Medizin für Hunde und Katzen, Sonntag-Verlag 2001

Hilfreiche Adressen

Landestierärztekammer; Adressen f. verschiedene Bundesländer erfragbar

Gesellschaft für Ganzheitliche Tiermedizin
Dahlienstr. 15
D-53332 Bornheim-Walldorf

Deutsche Gesellschaft für Traditionelle Chinesische Medizin
Rohrbachstr. 155
D-69126 Heidelberg

Deutsche Ärztegesellschaft für Akupunktur e. V.
Würmtalstr. 5
D-81375 München

Zentralverband der Ärzte für Naturheilverfahren
Am Promenadenplatz 1
D-72250 Freudenstadt

Arbeitsgemeinschaft deutscher TCM-Apotheken: www.tcm-apo.de

Aeskulap Apotheke
Poststr. 24
D-6915 Heidelberg

Sachregister

Legende: **fett** = Schwerpunkt; (P) = Pferd

60-Jahre-Zyklus 97

Akupressur 27, 103, **125 ff.**, **165 ff. (P)**
Akupunktur 10 f., 103, **123 f.**
Akupunkturpunkte (Reizpunkte) 27 f., 30, **31 ff.**, **130 ff.**, **147 ff. (P)**
Alarmpunkt (Mu-Punkt) 28

Biorhythmus 89, 146 (P)
Blase 40 28
Blasenmeridian 27, 29, **43 ff.**, **154 f. (P)**

Dickdarmmeridian 29 f., **33 ff.**, **149 (P)**
Dreifacher-Erwärmer-Meridian 29, **50 ff.**, 70, **157 (P)**
Dünndarmmeridian 29, **41 ff.**, 70, **153 (P)**

Elemente, fünf → Fünf Elemente
Energieleitbahnen → Meridiane
Erde (Element) 15, 63, 71 f., 105 f.
Ernährung **103 ff.**
- bei Beschwerden **113 ff.**

Erschaffungszyklus/Sheng-Zyklus 67
Erschöpfungszyklus/Cheng-Zyklus 68

Faktoren, pathogene **81 ff.**
Feuer (Element) 15, 63, 70, 105 f., 146 (P)
Fünf Elemente 9, 15, **63 ff.**
- Einteilung (Tabelle) 65
- Fütterung **104 ff.**, **168 f. (P)**
- Wirkung auf Tiere **68 ff.**
- Zyklen **66 ff.**

Fu-Organe 17, 70, 79
Futtermittel **105 ff.**

Gallenblasenmeridian 29, **52 ff.**, **157 f. (P)**
Geburtshilfe 151 (P), 155 ff. (P), 162 (P)
Gefäße, außerordentliche **57 ff.**, **160 ff. (P)**

Hauptmeridiane, zwölf **29 ff.**
Heilkräuteranwendungen 9 ff., **117 ff.**, **169 f. (P)**
Herzmeridian 27, 29, **40 f.**, 70, **152 (P)**
Holz (Element) 15, 63, 69 f., 105 f., 146 (P)

I-Ging (Buch der Wandlungen) 92 ff.
Immunstimulation 149 (P), 151 (P), 156 (P), 161 (P)

Jing **22 f.**, 24 ff.
Jin-Ye **24 f.**

Kontrollzyklus/Ke-Zyklus 67
Konzeptionsgefäß **60 ff.**, **162 f. (P)**
Körper/Geist/Seele, Einheit von 15, 26, 70, 90, 105
Kräuterheilkunde 103

Lebermeridian 29, **54 ff.**, **158 ff. (P)**
Leitkriterien, acht **78 ff.**
Lenkergefäß **57 ff.**, **160 f. (P)**
Lungenmeridian 29 f., **30 ff.**, **147 f. (P)**

Magenmeridian 29 f., **35 ff.**, **149 f. (P)**
Massagen **125 ff.**
Meisterpunkte (Gao-Wu-Punkte) 28
Meridiane 15, 20, **26 ff.**, **98 ff.**, 123, **147 ff. (P)**
Meridianenpaare 29
Meridian-Umläufe 30
Metall (Element) 15, 63 f., 72 f., 105 f., 146 (P)
Milz (Stärkung) 150 (P), 152 (P)
Milz-Pankreas-Meridian 29 f., **37 ff.**, **150 ff. (P)**

Nierenmeridian 29, **45 ff.**, **155 f. (P)**

Organe, Zweistundenrhythmus **98 ff.**
Organuhr
- bei Tieren **88 ff.**
- Geschichte **91 ff.**
- speziell beim Pferd **145 f. (P)**

Perikardmeridian 29, **48 ff.**, 70, **157 (P)**
Pferde allgemein 10 f.

Qi (Lebensenergie) 15, **18 ff.**, 24 ff., 78, 98 ff., 104 ff., 123, 135 f., 140 ff.
Qi Gong 103, **140 ff.**

Schädigungszyklus/Wu-Zyklus 68
Shen **25 f.**, 70

Ting-Punkte **164 f. (P)**
Traditionelle Chinesische Veterinärmedizin (TCVM)
– Geschichte 9 ff.
– Grundlagen 15 ff.
Tuina Anmo 103, 126, **135 ff.**

Vitale Substanzen 18 ff.

Wasser (Element) 15, 63 f., 73 f., 105, 107

Xue (Blut) **20 ff.**, 24, 26, 78, 135

Yin und Yang 9, 15, **16 f.**, 22, 29, 63, 78 ff., 92 f., 95 ff., 104 f., 108 ff., 123, 135
– Fragebogen zum Typus 75 ff.

Zang-Organe 17, 70, 79
Zhineng Qi Gong 140 ff.
Zustimmungspunkt (Shu-Punkt) 28

Beschwerden-/Symptomregister Hund/Katze u. deren Heilanwendungen

Legende: *kursiv* = Akupunkturpunkte; **fett** = Heilkräuteranwendungen; unterstrichen = Akupressurpunkte; (F) = Fütterung

Abwehrsteigerung **119**
Aggressivität 55, *56*, 82, 106 (F)
Angst *41*, 46, 82, 86
Apathie 40, 48, 70
Appetit, übermäßiger **119**
Appetitlosigkeit 35, 38, 104 (F), 116 (F), **119**, 130
Asthma *48*, 72, 84
Atemnot/Kurzatmigkeit 31, *32*, 40, *41*, 46, *48*, 49, 60
Atemwegserkrankungen *31f.*, *34*, *37*, *48f.*, 60, *62*, 72, 114 (F), 124
Augenerkrankungen/-beschwerden *43*, 51, *51*, *53*, 55, *56*, 64, 70, 114 (F)

Bandscheibenerkrankungen *47*, *53*, **119**, 138 f.
Bauchfellentzündung (Peritontitis) *36*
Bauchschmerzen *49*, *55*, 87
Bewegungsstörungen *43*, *60*, 135
Bewusstlosigkeit/Koma 40, 49, 85
Bindegewebsschwäche 38, *56*
Bindehautentzündung 114 (F), **119 f.**, 130
Blähungen *36*, *49*, 52, *54*, 61, *62*, 130
Blut im Stuhl/Urin *49*, 60
Blutarmut 35

Brunstverzögerung *40*

Darmentzündung (Enteritis) *36*
Depression *41*
Desorientierung *41*
Dickdarmerkrankungen *36*
Durchfall 33, *34f.*, 35, *36f.*, 38, *39*, 52, 55, 61, *62*, 72, 80, 87, 114 (F), **120**, 131, 136

Ekzeme *39*, *41*, 83
Energiemangel *41*, *59f.*
Entzündungen im Unterleib *39*
Epilepsie *56*, *60*
Erbrechen *35ff.*, 38, *49*, 52, *54*, 55, 61, *62*, 79 f., 85, 87, **120 f.**, 132, 136

Fieber *32*, *34*, *41*, 79 f., 84 f., 132
Fruchtbarkeitsstörungen 38, *38f.*, 44, 46, *47*, 55, *55*, 58, *59*, 60, 86

Gallenblasenerkrankungen *54*, *56f.*
Gastritis *36*
Geburtsprobleme 38, *38*, 44, 60
Gelbsucht 55
Gelenkentzündungen 114 f. (F)
Genicksteife *32*

Geschlechtsorgane *45, 56,* 74
Geschwüre im Maul 115 (F)
Gesichtslähmung *32,* 33, *33*
Gewichtsverlust 133

Halsentzündungen *32f.*
Harndrang *41,* 44, 46, 60
Harninkontinenz *34f., 38f.,* 44, 46, *59*
Harnwegsinfekte *38, 45, 47, 59,* 60, *61,* 74, 83, 85
Hauterkrankungen 33, *34,* 38, 39, *45,* 55, 64, 85, **121,** 130f.
Heiserkeit 31
Herzerkrankungen *50,* 107 (F)
Herzfrequenz, schnelle 40, 49
Hormonelle Störungen *40*
Husten 31, 38, 46, 60, 64, 79f., 84, 86f., 99, 115 (F), **121f.**, 133

Infektionskrankheiten *34, 53,* 79

Juckreiz *39, 56,* 115 (F), 133

Kälteempfindlichkeit 46, *46f.,* 86
Karpalgelenkbeschwerden *41*
Katzen-Schnupfen **122**
Kieferprobleme *33*

Lahmheiten
- allgemein *47,* 52, 79, 123
- der Hintergliedmaße 35, *37,* 44, 46, *47,* 58, *58*
- der Vordergliedmaße 31, *32,* 33, *33,* 42, *43,* 49, *50,* 51, *51*
- Ellenbogengelenk *32, 34*
- Knie *45*
- Schulterbereich *32,* 55
- Vorderfußwurzelgelenk *32*

Lebererkrankungen *38, 54, 56f.*
Lendenschmerzen *39, 45*

Magen-Darm-Krämpfe 35, *36f.,* 38, *39,* 135
Milchdrüse *57*
Müdigkeit 38, *38,* 83, 116 (F)
Mundgeruch *49*

Nackensteifigkeit/-schmerzen 42, *43,* 58, 84
Nasenausfluss/-bluten 31, 53, 80, 83f., **122**
Nervosität 55
Nierenerkrankungen *38, 47,* 74, 86, 107 (F), 123
Niesen 31, 38, 60, 84, **122**

Ödeme *39f., 47,* 72, 83, 107 (F)
- der Vordergliedmaße *32*
- im Bereich des Magen-Meridians *36*

Ohrerkrankungen 42, 46, 51, *51, 53,* 74, 115f. (F), 133

Pilzinfektionen *39*

Reflux *49*
Rheuma 55, 84
Rückenschmerzen *34, 41,* 42, *42f.,* 44, *44f., 47,* 58, 123, 134, 138f.

Schlaflosigkeit 40, 49, *53, 55f., 59,* 70, 85
Schluckauf *49f.*
Schluckbeschwerden 33, 55
Schmerzen *31f., 34, 36ff., 44, 56,* 123, 135
Schwäche, allgemeine 35, *37,* 38, 46, *56, 58,* 60, 85, 106 (F), 134
Sterilität *36*
Stoffwechselstörungen 55
Stress *56,* 71, 106 (F)

Tremor *41*

Unruhe 40, 49, *59,* 70, 106 (F)
Uterusblutungen 39

Verdauungsprobleme 116 (F), 124, 136
Verstopfung 33, *34f.,* 35, *36f.,* 38, *39,* 46, 52, 61, 72, 79, 85, 87, 116 (F), **122,** 134, 136

Wirbelsäulenerkrankungen *47, 58f.,* 74

Zahnfleischentzündung/-bluten 40, 49
Zahnschmerzen 33, *33f.*
Zwinger-Husten **121f.**
Zyklusstörungen *58*
Zysten *36*

Beschwerden-/Symptomregister EXTRA Pferd u. deren Heilanwendungen

Legende: *kursiv* = Akupunkturpunkte; **fett** = Heilkräuteranwendungen; unterstrichen = Akupressurpunkte

Ängstlichkeit *152, 156, 162*
Appetitlosigkeit *162*
Arthrose **170**
Atemwegserkrankungen *146ff., 156f., 162,* 165 f., **170**
Augenerkrankungen *157f., 161*

Bauchschmerzen *158*
Bewegungsapparat, Erkrankungen **170**
Bindehautentzündung *157*
Blasenerkrankungen *162*

Darmvorfall *161*
Durchfall *150, 152, 162*

Erkrankungen, Brustkorb 157

Fieber *149, 158*
Fruchtbarkeitsstörungen *152, 155, 161*

Gebärmuttervorfall *159, 161*
Geburtsprobleme 161
Gesichtslähmung *148f.*

Halsentzündungen *149, 163*
Harninkontinenz *155, 161*
Harnwegsentzündungen *155f., 161f.*
Hautkrankheiten *149, 152*
Herzerkrankungen *157, 162*
Hitzschlag *157*
Hornhautentzündung *157*
Hufrehe *153,* 166
Husten *147, 150, 155*

Infektionskrankheiten, akute *158*

Kehlkopflähmung *163*
Koliken *150, 162,* 167, **170**
Krämpfe *158*

Lahmheiten
- allgemein 167, **170**
- der Hintergliedmaße *150, 155, 161*
- der Vordergliedmaße *149, 157*
- des Beckens *152*
- Ellenbogengelenk *147,* 167
- Genick *154, 157*
- jeglicher Ursache *149*
- Karpalgelenk *152*
- Knie *159*
- Lendenwirbelsäule *161*
- Rücken *154*
- Schulterbereich *147, 154, 157*
- Sprunggelenk *155f., 158*
- Vorderfußwurzelgelenk *148, 153*

Lebererkrankungen *158, 160*

Magen-Darm-Beschwerden *150f., 157, 162*
Magengeschwür *150, 162*
Magenschleimhautentzündung *157*
Milchbildung, mangelnde 162
Müdigkeit, chronische *151*
Muskelentzündung/-schmerzen *160*

Nachgeburtsverhaltung *162*
Nierenfunktionsstörung *155*

Ödeme *150*
Ohrenerkrankungen *158, 161*

Schlafstörungen *161*
Schmerzen
- Becken *152*
- Ellenbogengelenk *147*
- Genick *148, 154, 157f.*
- hinterer Bauchraum *159*
- Karpalgelenk *152*
- Kniegelenk *152, 155, 159*
- Lendenbereich *155, 158*
- Rücken *154f.,* 168

Schulterbereich *154, 157*
Sprunggelenk *155f., 158*
Schock *161*
Schwäche, allgemeine *150*
Sehnenerkrankungen *153*

Unruhe *161*
Urogenital-Trakt, Erkrankungen *151f.*
Uterusblutungen *152*

Verstopfung *150,* 167, **170**

Wirbelsäule
- Erkrankungen *153*
- Schmerzen *153*

Zahnschmerzen *149*
Zyklus, unregelmäßiger *152, 161*

Dr. med. vet. Dorina Lux
Grüne Hausapotheke für Hunde
Heimische Heilpflanzen sicher anwenden
man kau

Dr. med. vet. Dorina Lux
Grüne Hausapotheke für Katzen
Heimische Heilpflanzen sicher anwenden
man kau